ABHANDLUNGEN DER DEUTSCHEN AKADEMIE
DER WISSENSCHAFTEN ZU BERLIN

Klasse für Mathematik, Physik und Technik
Jahrgang 1961 Nr. 5

NAM PARSHAD BHATIA

ANWENDUNG DER DIREKTEN METHODE VON LJAPUNOW ZUM NACHWEIS DER BESCHRÄNKTHEIT UND DER STABILITÄT DER LÖSUNGEN EINER KLASSE NICHTLINEARER DIFFERENTIALGLEICHUNGEN ZWEITER ORDNUNG

AKADEMIE-VERLAG · BERLIN
1962

Vorgelegt von Hrn. Schröder in der Gesamtsitzung vom 18. Mai 1961
Zum Druck genehmigt am gleichen Tage, ausgegeben am 15. März 1962

Erschienen im Akademie-Verlag GmbH, Berlin W 8, Leipziger Straße 3—4

Lizenznummer: 202 · 100/551/62
Gesamtherstellung: VEB Druckerei „Thomas Müntzer" Bad Langensalza
Bestellnummer 2001/61/I/5 · ES 19 B 4 · Preis: DM 7,—

INHALT

EINLEITUNG[1,2])

Obwohl die LJAPUNOWsche Stabilitätstheorie weit entwickelt ist und über zahlreiche Lehrsätze verfügt [1—3, 5, 6], ist die Anwendung der zweiten oder direkten Methode zurückgeblieben. In der Theorie der nichtlinearen Schwingungen wird gewöhnlich die Aufgabe gestellt, die Existenz von Schwingungen nachzuweisen, Schranken für ihre Amplituden zu bestimmen und letzten Endes ihre Stabilität zu prüfen. Diese Aufgaben sind für Differentialgleichungen der Art

$$\ddot{x} + g(x) = k\, f(x, \dot{x}, t)\,, \quad 0 < k \leqq 1 \tag{0,1}$$

oder das äquivalente System

$$\dot{x} = y\,, \qquad \dot{y} = -\,g(x) + k\, f(x, y, t)\,, \qquad 0 < k \leqq 1\,, \tag{0,1'}$$

wo $\dot{x} = dx/dt$ ist, von vielen Autoren untersucht worden [10—45].

In periodischen Systemen interessieren meistens periodische Lösungen. Um sie nachzuweisen und gleichzeitig eine Abschätzung der Amplituden zu erhalten, wird gewöhnlich in der Phasenebene ein doppelpunktfreier geschlossener Weg W mit folgenden Eigenschaften konstruiert:

Wenn eine Lösung $x(t)$, $y(t)$ von (0,1') einmal den von W begrenzten Bereich G_W erreicht, bleibt sie für immer in G_W.

Die Existenz einer periodischen Lösung folgt dann mit Hilfe der Transformationstheorie und bekannter Fixpunktsätze der Topologie.

Für den Nachweis der Stabilität im LJAPUNOWschen Sinne nach der direkten Methode wird der Verlauf einer Hilfsfunktion mit bestimmten Eigenschaften längs der betrachteten Lösung untersucht [10, 12, 14, 16, 20—22, 30]. Auch der Beschränktheitsnachweis der Lösungen kann auf die Bildung solcher Funktionen zurückgeführt werden. Diese beschreiben dann einen Weg, wie er oben erklärt wurde. Deshalb hängt die Beschränktheit mit der Existenz periodischer Lösungen eng zusammen, und die oben erwähnten Probleme erscheinen unter einem einheitlichen Gesichtspunkt.

In der vorliegenden Arbeit wird versucht, diese Fragen für Gleichungen der Art (0,1), besonders für ihre speziellen Fälle

$$\ddot{x} + k\, F(\dot{x}) + g(x) = k\, e(t) \qquad \text{(RAYLEIGHsche Gl.)}\,, \tag{0,2}$$

$$\ddot{x} + k\, f(x)\, \dot{x} + g(x) = k\, e(t) \qquad \text{(LIÉNARDsche Gl.)}\,, \tag{0,3}$$

$$\ddot{x} + k\, f(x, \dot{x})\, \dot{x} + g(x) = k\, e(t)\,, \qquad 0 < k \leqq 1 \tag{0,4}$$

zu beantworten.

---

1) Von der Technischen Hochschule Dresden zur Erlangung des Grades eines Doktors der Naturwissenschaften (Dr. rer. nat.) genehmigte Dissertation.
Referent: Prof. Dr. phil. habil. R. REISSIG,
Korreferent: Prof. Dr.-Ing. habil. H. HEINRICH.

2) Auch hier möchte der Verfasser seinen allerbesten Dank den Herren Professoren Dr. phil. habil. ROLF REISSIG und Dr.-Ing. habil. HELMUT HEINRICH für Ihre freundliche Unterstützung und zahlreiche Anregungen aussprechen.

Die Arbeit ist in drei Teile gegliedert. Der erste Teil umfaßt Definitionen von Begriffen und die in der Arbeit benutzten Hauptsätze der LJAPUNOWschen Theorie. Der zweite Teil ist der Frage der Beschränktheit gewidmet. Im dritten Teil wird die Frage der Stabilität erörtert.

Auf den Nachweis periodischer Lösungen wird nicht weiter eingegangen, da er bereits in vielen Arbeiten, von denen man einige im Literaturverzeichnis findet, durchgeführt worden ist. Hingegen ist das Stabilitätsproblem bisher selten behandelt worden, so daß es hier ausführlicher untersucht wird.

Das Literaturverzeichnis enthält nur eine Auswahl von den Arbeiten, die den behandelten Problemkreis betreffen.

I. LJAPUNOWSCHE THEORIE

DEFINITIONEN UND HAUPTSÄTZE DER LJAPUNOWSCHEN THEORIE

Im folgenden werden einige Definitionen und Sätze aus den Büchern von Hahn [2] und Malkin [6] sowie aus den Arbeiten von Yoshizawa [44, 45] zitiert.

Bezeichnungen. Es werden Systeme von n Differentialgleichungen

$$\frac{dx_i}{dt} = \dot{x}_i = f_i(t, x_1, \ldots, x_n) \qquad (i = 1, 2, \ldots, n) \tag{1,1}$$

oder in Vektorschreibweise

$$\frac{dx}{dt} = \dot{x} = F(t, x) \tag{1,2}$$

betrachtet, wo $x = (x_1, x_2, \ldots, x_n)$ als ein Punkt im Phasenraum, d. h. in dem Raum der Veränderlichen $x_1, x_2, \ldots, x_n$ aufzufassen ist. $(t, x) = (t, x_1, x_2, \ldots, x_n)$ bedeutet einen Punkt in dem Bewegungsraum. $||x|| = \sqrt{x_1^2 + x_2^2 + \cdots + x_n^2}$ ist die Norm des Vektors x.

Die Funktionen $f_i(t, x)$ und damit $F(t, x)$ sollen so beschaffen sein, daß die Existenz und Eindeutigkeit der Lösungen für $t \geqq 0$ gesichert ist.

Mit $x = x(t, x_0, t_0)$ (oder kurz $x(t)$) bezeichnet man die zum Zeitpunkt t_0 durch den Punkt x_0 gehende Lösung.

Wenn mit $x = p(t)$ eine bestimmte Lösung der Differentialgleichung (1,2) bezeichnet wird, dann erhält man die Differentialgleichung der gestörten Bewegung wie folgt:

Man setzt $x = u + p(t)$. Ist nun $u + p(t)$ eine Lösung von (1,2), so heißt u die Störung. Es gilt

$$\frac{dx}{dt} = \frac{du}{dt} + \frac{dp(t)}{dt} = F(t, u + p(t)) \qquad \text{und} \qquad \frac{dp(t)}{dt} \equiv F(t, p(t)) \; ;$$

daher ist

$$\frac{du}{dt} = F(t, u + p(t)) - F(t, p(t)) \equiv \tilde{F}(t, u) , \qquad \tilde{F}(t, 0) \equiv 0 . \tag{1,3}$$

Die Differentialgleichung (1,3) heißt die Differentialgleichung der gestörten Bewegung. $u \equiv 0$ ist immer eine Lösung der Gleichung (1,3) und wird stets als eine isolierte Gleichgewichtslage betrachtet.

Im übrigen werden die üblichen mengentheoretischen Bezeichnungen benutzt.

Nach Yoshizawa [44] werden folgende Definitionen eingeführt:

Definition (1,1). Eine Lösung $x(t, x_0, t_0)$ der Differentialgleichung (1,2) heißt *beschränkt*, wenn ein $\beta > 0$ vorhanden ist, so daß

$$||x(t, x_0, t_0)|| < \beta \qquad \text{für} \qquad t \geqq t_0$$

gilt.

Definition (1,2). Die Lösungen von (1,2) heißen *gleichmäßig beschränkt*, wenn für alle Lösungen $x(t, x_0, t_0)$ mit $||x_0|| \leqq \alpha$ ($\alpha > 0$ beliebig) und $t_0 \geqq 0$ ein $\beta > 0$ vorhanden ist, so daß

$$||x(t, x_0, t_0)|| < \beta \quad \text{für} \quad t \geqq t_0$$

gilt. Dabei hängt β nur von α, aber nicht von t_0 ab.

Definition (1,3). Wenn ein $B > 0$ derart existiert, daß für jede Lösung $x(t, x_0, t_0)$ ein $T > 0$ vorhanden ist mit

$$||x(t, x_0, t_0)|| < B \quad \text{für} \quad t > t_0 + T\,,$$

so heißen die Lösungen von (1,2) *vollständig beschränkt.*

Definition (1,4). Die Lösungen von (1,2) heißen *gleichmäßig vollständig beschränkt* mit der endgültigen Schranke B, wenn für $||x_0|| \leqq \alpha$ ($\alpha > 0$ beliebig) ein $T > 0$ vorhanden ist, so daß für alle $t_0 \geqq 0$

$$||x(t, x_0, t_0)|| < B \quad \text{für} \quad t > t_0 + T$$

gilt. Dabei hängt T nur von α, aber nicht von t_0 ab.

Aus den Büchern [2, 6] sei zitiert:

Definition (1,5). Die Nullösung $u(t) \equiv 0$ von (1,3) und damit die Lösung $p(t)$ von (1,2) heißt nach LJAPUNOW *stabil,* wenn es zu jedem $\varepsilon > 0$ ein $\delta(\varepsilon, t_0) > 0$ gibt, so daß

$$||u(t)|| < \varepsilon \quad \text{für} \quad t \geqq t_0$$

gilt, falls

$$||u_0|| = ||u(t_0)|| < \delta$$

ist.

Definition (1,5 a). Die Nullösung $u(t) \equiv 0$ von (1,3) und damit die Lösung $p(t)$ von (1,2) heißt *gleichmäßig stabil,* wenn sich zu jedem $\varepsilon > 0$ eine nur von diesem abhängige Zahl $\delta = \delta(\varepsilon) > 0$ so bestimmen läßt, daß aus

$$||u_0|| < \delta$$

die Ungleichung

$$||u(t, u_0, t_0)|| < \varepsilon \qquad (t \geqq t_0)$$

für alle $t_0 \geqq 0$ folgt.

Definition (1,6). Die Nullösung $u(t) \equiv 0$ von (1,3) und damit die Lösung $p(t)$ von (1,2) heißt *asymptotisch stabil,* falls sie stabil ist und ein $\delta_0 > 0$ existiert mit

$$\lim_{t\to\infty} ||u(t)|| = 0 \quad \text{für alle} \quad ||u_0|| < \delta_0\,.$$

Definition (1,6 a). Die Nullösung $u(t) \equiv 0$ von (1, 3) und damit die Lösung $p(t)$ von (1,2) heißt *gleichmäßig asymptotisch stabil,* wenn sie 1. gleichmäßig stabil ist und wenn man 2. jedem $\varepsilon > 0$ eine nur von ε und nicht von der Anfangszeit $t_0 \geqq 0$ abhängige Zahl $\tau = \tau(\varepsilon)$ derart zuordnen kann, daß

$$||u(t, u_0, t_0)|| < \varepsilon \qquad (t > t_0 + \tau)$$

ist, sofern die Anfangswerte u_0 einer Kugel $U_\eta = \{u_0 : ||u_0|| < \eta\}$ angehören, deren Radius η von ε unabhängig ist.

Definition (1,7). Die Nullösung $u(t) \equiv 0$ von (1,3) und damit die Lösung $p(t)$ von (1,2) heißt *asymptotisch stabil im Ganzen,* falls sie stabil ist und

$$\lim_{t\to\infty} ||u(t)|| = 0$$

ist für alle Lösungen $u(t)$ der Gleichung (1,3).

Definition (1,8). Die Nullösung $u(t) \equiv 0$ von (1,3) und damit die Lösung $p(t)$ von (1,2) heißt *instabil,* wenn sie nicht stabil ist.

Definition (1,9). Die Nullösung $u(t) \equiv 0$ von (1,3) und damit die Lösung $p(t)$ von (1,2) heißt *vollständig instabil*, wenn ein $\varepsilon > 0$ derart existiert, daß für jede Lösung $u(t) = u(t, u_0, t_0)$ mit $0 < ||u_0|| < \varepsilon$ ein $T(u_0, t_0) > 0$ vorhanden ist mit

$$||u(t)|| \geqq \varepsilon \quad \text{für} \quad t \geqq t_0 + T(u_0, t_0) .$$

In der LJAPUNOWschen Theorie betrachtet man gewisse skalare Funktionen $v(t, x)$, die in einer Umgebung U_0 des Nullpunktes $x = 0$ und für $t \geqq t_0 \geqq 0$ definiert und bezüglich ihrer Argumente stetig differenzierbar sind.

Definition (1,10). Eine Funktion $v(t, x)$ heißt in dem Gebiet U_0 für $t \geqq t_0$ *positiv semidefinit* (oder kurz positiv semidefinit), wenn

$$v(t, x) \geqq 0 , \qquad v(t, 0) \equiv 0 \quad \text{für} \quad x \in U_0 , \qquad t \geqq t_0 .$$

Eine Funktion $v(t, x)$ heißt *negativ semidefinit*, wenn $-v(t, x)$ positiv semidefinit ist.

Definition (1,11). Eine Funktion $v(x)$ heißt in dem Gebiet U_0 *positiv definit* (oder kurz positiv definit), wenn

$$v(x) > 0 \quad \text{für} \quad x \neq 0 , \qquad v(x) = 0 \quad \text{für} \quad x = 0 \quad (x \in U_0) .$$

Eine Funktion $v(x)$ heißt *negativ definit*, falls $-v(x)$ positiv definit ist.

Definition (1,12). Eine Funktion $v(t, x)$ heißt in dem Gebiet U_0 für $t \geqq t_0$ *positiv definit* (oder kurz positiv definit), wenn eine positiv definite Funktion $w(x)$ existiert, so daß gilt:

$$v(t, 0) \equiv 0 , \qquad v(t, x) \geqq w(x) \quad \text{für} \quad x \in U_0 , \qquad t \geqq t_0 .$$

Eine Funktion $v(t, x)$ heißt *negativ definit*, falls $-v(t, x)$ positiv definit ist.

Definition (1,13). Eine Funktion $v(t, x)$ heißt in dem Gebiet U_0 für $t \geqq t_0$ *gleichmäßig klein* (oder kurz gleichmäßig klein), wenn eine positiv definite Funktion $w(x)$ existiert, so daß gilt:

$$|v(t, x)| \leqq w(x) \quad \text{für} \quad x \in U_0 , \qquad t \geqq t_0 .$$

Folgende Hauptsätze der LJAPUNOWschen Theorie werden für die weiteren Betrachtungen benötigt.

Satz (1,1). Die Nullösung $u(t) \equiv 0$ der Gleichung (1,3) und damit die Lösung $p(t)$ der Gleichung (1,2) ist gleichmäßig stabil, wenn sich eine positiv definite, gleichmäßig kleine Funktion $v(t, u)$ derart angeben läßt, daß ihre für (1,3) gebildete totale zeitliche Ableitung

$$\frac{dv}{dt} = \frac{\partial v}{\partial t} + \frac{\partial v}{\partial u} \cdot \tilde{F}(t, u) ,$$

oder ausführlich geschrieben

$$\frac{dv}{dt} = \frac{\partial v}{\partial t} + \sum_{i=1}^{n} \frac{\partial v}{\partial u_i} \tilde{f}_i(t, u) ,$$

negativ semidefinit ist.

Satz (1,2). Die Nullösung $u(t) \equiv 0$ der Gleichung (1,3) und damit die Lösung $p(t)$ der Gleichung (1,2) ist gleichmäßig asymptotisch stabil, wenn sich eine positiv definite, gleichmäßig kleine Funktion $v(t, u)$ derart angeben läßt, daß ihre für (1,3) gebildete totale zeitliche Ableitung dv/dt negativ definit ist.

Analog zum Satz (1,2) beweist man den

Satz (1,3). Die Nullösung $u(t) \equiv 0$ der Gleichung (1,3) und damit die Lösung $p(t)$ der Gleichung (1,2) ist vollständig instabil, wenn eine positiv definite, gleichmäßig kleine Funktion $v(t, u)$ existiert, deren für die Gleichung (1,3) gebildete totale zeitliche Ableitung dv/dt ebenfalls positiv definit ist.

Eine Funktion $v(t, x)$, die den Aussagen eines Satzes der LJAPUNOWschen Theorie genügt, wird gewöhnlich LJAPUNOWsche Funktion genannt.

Bemerkung (1,1). Analog zum Satz (1,2) kann man folgendes beweisen: Es sei das System $\dot{x} = F(t, x)$, $F(t, 0) \equiv 0$ von Differentialgleichungen gegeben. Die Menge der Lösungen $x(t, x_0, t_0)$ mit festem t_0, aber veränderlichem x_0, die für $t \geqq t_0$ eine gewisse Eigenschaft E besitzen und außerdem beschränkt sind, sei mit M_E bezeichnet. Es sei eine Funktion $v(t, x)$ vorhanden, die für jedes Element $x \in M_E$ folgende Abschätzungen zuläßt:

$$\text{(I)} \quad w_1(x) \geqq v(t, x) \geqq w_2(x);$$

$$\text{(II)} \quad \frac{dv}{dt} \leqq -w(x) \quad \text{für} \quad t \geqq t_0,$$

wobei $w_1(x)$, $w_2(x)$, $w(x)$ stetige Funktionen mit $w_1(x)$, $w_2(x)$, $w(x) > 0$ für $x \neq 0$ und $w_1(x) = w_2(x) = w(x) = 0$ für $x = 0$ sind. Dann gilt für jedes $x \in M_E$

$$||x(t, x_0, t_0)|| \to 0 \quad \text{für} \quad t \to \infty.$$

Satz (1,2 a). Wenn in dem Satz (1,2) für $v(t, u)$ die Abschätzung

$$w_1(u) \geqq v(t, u) \geqq w_2(u) > 0 \quad \text{für alle} \quad u \neq 0 \quad \text{und} \quad t \geqq t_0$$

erfüllt ist und

$$w_2(u) \to \infty \quad \text{für} \quad ||u|| \to \infty$$

gilt, dann ist die Nullösung $u(t) \equiv 0$ von (1,3) gleichmäßig asymptotisch stabil im Ganzen.

II. BESCHRÄNKTHEITSUNTERSUCHUNGEN

1. EINLEITUNG

Es ist wohlbekannt, daß man aus den Stabilitäts- und Instabilitätssätzen der Ljapunowschen Theorie Sätze für die Beschränktheit der Lösungen herleiten kann [27, 44]. Dabei wird der Phasenraum mit einem einzigen uneigentlichen Punkt ∞ als abgeschlossen betrachtet. Als Umgebung des Punktes ∞ dient ein Gebiet, das das Außengebiet einer Kugel, deren Mittelpunkt im Ursprung liegt und deren Radius genügend groß ist, enthält. Z. B. ist das Verhalten der Lösungen bezüglich des Ursprungs im Falle vollständiger Instabilität gleichbedeutend mit dem Verhalten der Lösungen bezüglich des unendlichen Punktes im Falle vollständiger Beschränktheit. Daher lassen sich die Sätze über vollständige Instabilität in Sätze über vollständige Beschränktheit übertragen. Die Beweise können dabei ganz entsprechend geführt werden.

Im folgenden wird auf diese Weise ein bekannter Satz [27] über gleichmäßig-vollständige Beschränktheit bewiesen. Der Beweisgang wurde dabei dem Beweis des Satzes (17.6) in [2] auf Seite 56 entnommen. Als unmittelbare Folgerungen davon werden zwei weitere Sätze angegeben, die für die Anwendungen besser geeignet sind ([44], Theorem 7). Dann wird kurz eine Methode diskutiert, wie man für die Differentialgleichung (0,1) oder das System

$$\dot{x} = y; \qquad \dot{y} = -g(x) + k\,f(x, y, t), \qquad 0 < k \leqq 1 \tag{2,1}$$

bisweilen eine Ljapunowsche Funktion als Beschränktheitskriterium mit Hilfe des Energieintegrals

$$\frac{y^2}{2} + \int_0^x g(\xi)\,d\xi$$

konstruieren kann.

Wie weit solche Funktionen zur Herleitung allgemeiner Sätze über die Beschränktheit und zur Berechnung von endgültigen Schranken für Lösungen von Nutzen sein können, wird an einigen Beispielen gezeigt.

2. THEORIE

Satz (2,1). Die Lösungen der Differentialgleichung

$$\dot{x} = F(t, x) \tag{1,2}$$

sind gleichmäßig-vollständig beschränkt, wenn sich eine Funktion $v(t, x)$ mit den folgenden Eigenschaften angeben läßt:

(I) Es existieren zwei Funktionen $w_1(x)$, $w_2(x)$, so daß

$$w_1(x) \geqq v(t, x) \geqq w_2(x) > 0 \quad \text{für} \quad ||x|| \geqq R, \quad t \geqq 0 \quad \text{und} \quad w_1(x) \to 0 \quad \text{für} \quad ||x|| \to \infty$$

gilt. Dabei ist $R > 0$ eine feste Zahl.

(II) Es existiert eine Funktion $w_3(x)$ derart, daß

$$\dot{v} = \frac{dv}{dt} = \frac{\partial v}{\partial t} + \frac{\partial v}{\partial x} \cdot F(t, x) \geqq w_3(x) > 0 \quad \text{für} \quad ||x|| \geqq R, \quad t \geqq 0$$

ist.

Folgerung (2,1). Existieren zwei Funktionen $v(x)$, $w(x)$ mit

$$\text{(I)} \quad v(x) > 0 \quad \text{für} \quad \|x\| \geqq R, \quad v(x) \to 0 \quad \text{für} \quad \|x\| \to \infty;$$

$$\text{(II)} \quad \dot{v}(x) \geqq w(x) > 0 \quad \text{für} \quad \|x\| \geqq R,$$

dann sind die Lösungen von (1,2) gleichmäßig-vollständig beschränkt.

Beweis des Satzes (2,1). Für ein $\alpha > 0$ (es kann ohne weiteres $\alpha > R$ angenommen werden) gilt

$$0 < \min_{\|x\| = \alpha} w_2(x) \leqq v(t, x)|_{\|x\| = \alpha} \leqq \max_{\|x\| = \alpha} w_1(x) .$$

Wegen der Eigenschaft (I) kann β so groß gewählt werden, daß

$$\max_{\|x\| = \beta} w_1(x) < \min_{\|x\| = \alpha} w_2(x) \tag{2,2}$$

ist. Angenommen, für eine gewisse Lösung $x(t, x_0, t_0)$ mit $\|x_0\| \leqq \alpha$ und $t_0 \geqq 0$ gilt

$$\|x(t', x_0, t_0)\| = \beta \quad \text{für ein} \quad t = t' > t_0 .$$

Dann gibt es zwei Zeitpunkte t_1 und t_2 mit

$$\|x(t_1, x_0, t_0)\| = \alpha, \quad \|x(t_2, x_0, t_0)\| = \beta$$

und

$$\alpha < \|x(t, x_0, t_0)\| < \beta \quad \text{für} \quad t_1 < t < t_2 .$$

Betrachtet man $v(t, x)$, so gilt

$$v(t_1, x(t_1, x_0, t_0)) \geqq \min_{\|x\| = \alpha} w_2(x)$$

und

$$v(t_2, x(t_2, x_0, t_0)) \leqq \max_{\|x\| = \beta} w_1(x) .$$

Daher gilt wegen (2,2)

$$v(t_2, x(t_2, x_0, t_0)) < v(t_1, x(t_1, x_0, t_0)) .$$

Das führt aber zu einem Widerspruch, da ja wegen (II)

$$v(t_2, x(t_2, x_0, t_0)) \geqq v(t_1, x(t_1, x_0, t_0))$$

sein muß. Die Lösungen sind also gleichmäßig beschränkt.

Wegen der gleichmäßigen Beschränktheit der Lösungen von (1,2) gibt es eine positive Zahl B, so daß für $\|x_0\| \leqq R$ und $t_0 \geqq 0$

$$\|x(t, x_0, t_0)\| < B \quad \text{für} \quad t \geqq t_0$$

gilt. Betrachtet man alle Lösungen $x(t, x_0, t_0)$ mit $\|x_0\| \leqq \alpha$, wobei $\alpha > R$ eine sonst beliebige Zahl ist, dann existiert wiederum ein β wegen der gleichmäßigen Beschränktheit der Lösungen von (1,2), das nur von α abhängt, mit $\|x(t, x_0, t_0)\| < \beta$ für $t \geqq t_0$. Für $R \leqq \|x\| \leqq \beta$, $t \geqq 0$ existiert ein λ, das von β abhängt, mit

$$\dot{v}(t, x) \geqq \lambda = \min_{R \leqq \|x\| \leqq \beta} w_3(x) > 0 .$$

Angenommen, für eine Lösung $x(t)$ von (1,2) mit $R < \|x_0\| \leqq \alpha$ gilt

$$R < \|x(t, x_0, t_0)\| \leqq \beta \quad \text{für} \quad t \geqq t_0 .$$

Dann gilt auch

$$v(t, x(t)) = v(t_0, x_0) + \int_{t_0}^{t} \dot{v}(\tau, x(\tau))\, d\tau \geqq v(t_0, x_0) + \lambda\, (t - t_0) .$$

Daher muß es einen Zeitpunkt t' geben, wo $\|x(t', x_0, t_0)\| = R$ ist. Dabei ist $t_0 \leqq t' \leqq t_0 + T$ und

$$T = \frac{\max\limits_{R \leqq \|x\| \leqq \alpha} w_1(x) - \min\limits_{R \leqq \|x\| \leqq \alpha} w_2(x)}{\lambda}.$$

Man hat also $\|x(t, x_0, t_0)\| < B$ für $t > t_0 + T$, und dieses T hängt nur von α ab. Die Lösungen sind daher gleichmäßig-vollständig beschränkt mit der endgültigen Schranke B.

Als direkte Folgerung ergibt sich der folgende Satz:

Satz (2,2). Existieren Funktionen $v(t, x)$, $w_1(x)$, $w_2(x)$, $w_3(x)$ mit folgenden Eigenschaften:

(I) $w_2(x) \geqq v(t,x) \geqq w_1(x) > 0$ für $\|x\| \geqq R$ und $t \geqq t_0 \geqq 0$, $w_1(x) \to \infty$ für $\|x\| \to \infty$;

(II) $\dot v(t, x) \leqq - w_3(x) < 0$ für $\|x\| \geqq R$,

dann sind die Lösungen von (1,2) gleichmäßig-vollständig beschränkt. $w_3(x)$ darf speziell eine feste positive Zahl δ sein, oder es kann $w_3(x) \to 0$ für $\|x\| \to \infty$ gelten.

Beweis. Man betrachte die Funktion $V(t, x) = 1/v(t, x)$. Diese genügt allen Voraussetzungen des Satzes (2,1).

Aus dem Satz (2,2) läßt sich der folgende, für die Anwendung wichtige Satz ableiten:

Satz (2,3). Existieren Funktionen $v(x)$, $w(x)$ mit den Eigenschaften

(I) $v(x) > 0$ für $\|x\| \geqq R$, $v(x) \to \infty$ für $\|x\| \to \infty$;

(II) $\dot v(x) \leqq - w(x) < 0$ für $\|x\| \geqq R$,

dann sind die Lösungen gleichmäßig-vollständig beschränkt.

Bemerkung (2,1). Man braucht nicht immer Bereiche der Art $\|x\| \geqq R$ zu betrachten. Es sei z. B. ein offenes einfach zusammenhängendes Gebiet G vorhanden, das in einer Kugel $\|x\| < R$ liegt. Gelten in dem Außengebiet von G (d. h. in $C(G)$, dem komplementären Gebiet von G) die Bedingungen eines der obigen Sätze, dann sind notwendigerweise die Lösungen gleichmäßig-vollständig beschränkt.

Bemerkung (2,2). Um die endgültigen Schranken zu bestimmen, kann man wie folgt verfahren: Es sei z. B. eine Funktion $v(x)$ gegeben, die in einem Bereich $C(G)$ (siehe obige Bemerkung) dem Satz (2,3) genügt. Betrachtet man eine beliebige Lösung, so kann man ihren Anfangszeitpunkt auf Grund von Satz (2,3) so festlegen, daß die Anfangslage x_0 in der abgeschlossenen Hülle $\bar G$ von G liegt. Wenn sie dann einmal in $C(\bar G)$ verläuft, muß es Zeitpunkte t_1, t_2 $(t_1 < t_2)$ geben mit

$$x(t_1, x_0, t_0) \in \bar G \setminus G, \qquad x(t_2, x_0, t_0) \in \bar G \setminus G$$

und

$$x(t, x_0, t_0) \in C(\bar G) \quad \text{für} \quad t_1 < t < t_2 .$$

Im Zeitabschnitt $t_1 \leqq t \leqq t_2$ gilt $\dot v(x(t)) \leqq - w(x(t))$. Daher ist $M_G \geqq v(x(t_1)) \geqq v(x(t)) \geqq v(x(t_2)) \geqq m_G$ für $t_1 \leqq t \leqq t_2$, wobei $M_G = \max\limits_{x \in \bar G \setminus G} v(x)$ und $m_G = \min\limits_{x \in \bar G \setminus G} v(x)$ bedeutet.

Man wähle nun ein offenes einfach zusammenhängendes Gebiet $G' \supset G$, so daß $\min\limits_{x \in \bar G' \setminus G'} v(x) = m_{G'} > M_G$ ausfällt.

Dieses Gebiet G' bestimmt dann endgültige Schranken. Ist nämlich für eine Lösung $x(t, x_0, t_0)$ mit $x_0 \in \bar G$ zu einer Zeit t'

$$x(t', x_0, t_0) \in \bar G' \setminus G' ,$$

so ist $v(x(t', x_0, t_0)) \geqq m_{G'} > M_G$ ein Widerspruch zu der Tatsache, daß zu allen Zeitpunkten t, für die $x(t, x_0, t_0) \in C(G)$ ist, $M_G \geqq v(x(t, x_0, t_0))$ sein muß.

Eine Funktion, die einem Satz über Beschränktheit genügt, wird auch LJAPUNOW*sche Funktion* genannt.

3. ANWENDUNG

Nun wird in großen Zügen eine Methode für die Konstruktion einer Ljapunowschen Funktion für Gleichungen der Art (0,1) oder das System

$$\dot{x} = y\,, \quad \dot{y} = -g(x) + k\,f(x, y, t)\,, \quad 0 < k \leqq 1 \tag{2,1}$$

erläutert.

Diese Methode kann dann von Nutzen sein, wenn

$$\int_0^x g(\xi)\,d\xi \to \infty \quad \text{für} \quad |x| \to \infty\,. \tag{2,3}$$

Man betrachtet zunächst das Energieintegral

$$I = \frac{y^2}{2} + \int_0^x g(\xi)\,d\xi \tag{2,4}$$

und bildet seine zeitliche Ableitung für das System (2,1):

$$\frac{dI}{dt} = k\,y\,f(x, y, t)\,. \tag{2,5}$$

In der Phasenebene $\big((x, y)$-Ebene$\big)$ denkt man sich das Gebiet G markiert, in dem für $t \geqq 0$ $dI/dt < 0$ ausfällt. Dann versucht man, eine Funktion $\Phi(x, y)$ derart zu bestimmen, daß die Funktion

$$v(x, y) \equiv v = I + k\,\Phi(x, y) \tag{2,6}$$

eine Ljapunowsche Funktion wird. Die Ableitung

$$\frac{dv}{dt} = k\left[y\,f(x, y, t) + \frac{\partial\Phi}{\partial x}\,y + \frac{\partial\Phi}{\partial y}\big(-g(x) + k\,f(x, y, t)\big)\right] \tag{2,7}$$

muß also in einer Umgebung des uneigentlichen Punktes ∞ negativ bleiben und einem der obigen Sätze genügen. Dabei darf das Glied $\frac{\partial\Phi}{\partial x}\,y + \frac{\partial\Phi}{\partial y}\big(-g(x) + k\,f(x, y, t)\big)$ in dem Gebiet G positiv werden, vorausgesetzt, daß $\dot{v}$ für hinreichend große Werte von $x^2 + y^2$ stets negativ bleibt.

Falls (2,3) gilt, stellt

$$I \equiv \frac{y^2}{2} + \int_0^x g(\xi)\,d\xi = \lambda > 0 \qquad (\lambda \text{ Parameter})$$

in der Phasenebene eine Schar von geschlossenen Kurven dar, die eine Umgebung des Punktes ∞ überdeckt. Man kann Funktionen $\Phi(x, y)$ derart angeben, daß die Schar

$$v \equiv \frac{y^2}{2} + \int_0^x g(\xi)\,d\xi + k\,\Phi(x, y) = \mu > 0 \qquad (\mu \text{ Parameter})$$

von gleichem topologischem Charakter ist wie I, aber ihre zeitlichen Ableitungen für (2,1) von unterschiedlichem Charakter sind.

Die genaue Form der Funktion $\Phi(x, y)$ wird natürlich von der Bauart der Funktionen $f(x, y, t)$ und $g(x)$ abhängen. In den folgenden Beispielen kann Φ einer weiten Klasse von Funktionen angehören, für die

$$\text{(I)} \quad \frac{y}{|y|}\left(f(x, y, t) + \frac{\partial\Phi}{\partial x}\right) \leqq -A \quad (A > 0) \quad \text{für} \quad |y| \geqq Y\,,$$

$$\text{(II)} \quad g(x)\,\frac{\partial\Phi}{\partial y} \geqq B > 0 \quad \text{für} \quad |x| \geqq X\,, \quad |y| \leqq Y\,.$$

In der Wahl der Funktion $\Phi(x, y)$ hat man eine gewisse Freiheit, die man dazu ausnutzen wird, gute endgültige Schranken für die Lösungen zu erhalten.

Bemerkung (2,3). Bei der praktischen Berechnung der endgültigen Schranken von Lösungen kann man so verfahren, daß in die Funktion $\Phi(x, y)$ noch gewisse Parameter $\mu = (\alpha, \beta, \gamma, \ldots, \eta)$ eingehen. Ist nun $v = v(x, y, \mu)$ eine LJAPUNOWsche Funktion für jedes μ, das eine Parametermenge H durchläuft, so hängt das durch v bestimmte Gebiet G', wo alle Lösungen mit wachsendem t eindringen und verbleiben, von dem Parameterwert $\mu \in H$ ab. Es sei nun G'_μ das zu $\mu \in H$ gehörende durch $v(x, y, \mu)$ bestimmte Gebiet mit obiger Eigenschaft. Man setze $G' = \bigcap_{\mu \in H} G'_\mu$. Dann besitzt G' offensichtlich auch noch dieselbe Eigenschaft. Man kann also G' für die Bestimmung der endgültigen Schranken der Lösungen benutzen.

Nun wird der folgende Satz bewiesen (man vergleiche mit den Arbeiten von REISSIG [25] und REUTER [29]).

Satz (2,4). Es sei die Differentialgleichung (0,2) oder das System

$$\dot{x} = y\,; \; \dot{y} = -g(x) - k\big(F(y) - e(t)\big)\,, \quad 0 < k \leqq 1 \tag{2,8}$$

gegeben. Die Funktionen $e(t)$, $F(y)$, $g(x)$ genügen folgenden Bedingungen:

(I) $\qquad |e(t)| \leqq M \quad \text{für} \quad t \geqq 0\,,$

(II) $\frac{y}{|y|} F(y) \geqq M + \varepsilon \quad \text{für} \quad |y| \geqq Y\,, \qquad |F(y)| \leqq F \; (F > 0) \quad \text{für} \quad |y| \leqq Y\,,$

(III) $$\frac{x}{|x|} g(x) \begin{cases} \geqq 2\,(M + F) + \varepsilon' & \text{für} \quad |x| \geqq a\,, \\ \geqq -g \; (g \geqq 0) & \text{für} \quad |x| < a\,, \end{cases}$$

wo ε, ε' beliebig kleine, aber feste, positive Zahlen sind. Dann sind die Lösungen $x(t)$, $y(t)$ von (2,8) gleichmäßig-vollständig beschränkt. Endgültige Schranken können dabei in der Phasenebene durch ein Rechteck gegeben werden, dessen Grenzen nicht von k abhängen.

Beweis. Man betrachte die Funktion

$$v = \frac{y^2}{2} + \int_0^x g(\xi)\,d\xi + \frac{k\,\eta\,x\,y}{(1+\alpha|x|)\,(1+|y|)} + C, \qquad (\alpha, \eta > 0)\,, \tag{2,9}$$

wo die Konstante $C > \sup\limits_{-\infty < x < +\infty} \left(-\int_0^x g(\xi)\,d\xi\right) + \frac{\eta}{\alpha}$ ist. Dann ist $v > 0$ für alle x, y, da $\left|\frac{k\,\eta\,x\,y}{(1+\alpha|x|)\,(1+|y|)}\right| \leqq \frac{k\,\eta}{\alpha} \leqq \frac{\eta}{\alpha}$ und $v \to \infty$ für $x^2 + y^2 \to \infty$. α, η sind vorläufig beliebige Konstanten, werden aber später festgelegt.

Die totale zeitliche Ableitung von v für das System (2,8) ist

$$\dot{v} = y\,[-g(x) - k(F(y) - e(t))] + g(x)\,y + \frac{k\,\eta\,y^2}{(1+\alpha|x|)^2\,(1+|y|)}$$
$$+ \frac{k\,\eta\,x}{(1+\alpha|x|)\,(1+|y|)^2}\,[-g(x) - k(F(y) - e(t))]\,,$$

d. h.

$$\dot{v} = \frac{-k}{(1+\alpha|x|)\,(1+|y|)}\Bigg[(1+\alpha|x|)\,(1+|y|)\,y\big(F(y) - e(t)\big)$$
$$- \frac{\eta\,y^2}{1+\alpha\,|x|} + \frac{\eta\,x\,g(x)}{1+|y|} + \frac{k\,\eta\,x\,\big(F(y) - e(t)\big)}{1+|y|}\Bigg]. \tag{2,10}$$

Für $|y| \geqq Y$, alle x, $0 < k \leqq 1$ kann man abschätzen

$$\begin{aligned}
\dot{v} &\leqq \frac{-k}{(1+\alpha|x|)(1+|y|)}\Big[y(F(y)-e(t)) + |y|\, y(F(y)-e(t)) \\
&\quad + \alpha|x|\,(1+|y|)\, y(F(y)-e(t)) - \frac{\eta\, a\, g}{1+|y|} - \frac{\eta\, y^2}{1+\alpha|x|} - \frac{\eta\,|x|\, y\,(F(y)-e(t))}{|y|\,(1+|y|)}\Big] \\
&= \frac{-k}{(1+\alpha|x|)(1+|y|)}\Big[y(F(y)-e(t)) + y^2\Big\{\frac{y}{|y|}(F(y)-e(t)) - \frac{\eta}{1+\alpha|x|}\Big\} \\
&\quad + \alpha|x|\,|y|\,(1+|y|)\frac{y}{|y|}(F(y)-e(t))\Big(1-\frac{\eta}{\alpha|y|\,(1+|y|)^2}\Big) - \frac{\eta\, a\, g}{1+|y|}\Big] \\
&\leqq \frac{-k}{(1+\alpha|x|)(1+|y|)}\Big[Y\varepsilon + Y^2(\varepsilon-\eta) + \alpha|x|\, Y(1+Y)\,\varepsilon\Big(1-\frac{\eta}{\alpha Y(1+Y)^2}\Big) - \frac{\eta\, a\, g}{1+Y}\Big].
\end{aligned}$$

Man wähle nun η, α so klein, daß

$$0 < \eta \leqq \alpha\, Y\,(1+Y)^2 < \min\Big(\varepsilon, \frac{\varepsilon\, Y\,(1+Y)}{a\, g}\Big) \qquad (2,11)$$

ausfällt. Es sei z. B. $\alpha\, Y\,(1+Y)^2 = \frac{1}{2}\min\Big(\varepsilon, \frac{\varepsilon\, Y\,(1+Y)}{a\, g}\Big)$ gesetzt. Dann gilt folgendes: Mit $0 < \eta \leqq \alpha\, Y\,(1+Y)^2$ gibt es ein $\delta = \delta(\eta) > 0$, so daß

$$\dot{v} \leqq \frac{-k\,\delta}{(1+\alpha|x|)(1+|y|)}$$

ist für $|y| \geqq Y$, alle x und $0 < k \leqq 1$.

Für $|y| \leqq Y$ erhält man die Abschätzung

$$\begin{aligned}
\dot{v} &\leqq \frac{-k}{(1+\alpha|x|)(1+|y|)}\Big[-(1+\alpha|x|)(1+|y|)\,|y|\,(F+M) - \frac{\eta\, y^2}{1+\alpha|x|} - \frac{\eta|x|(F+M)}{1+|y|} + \frac{\eta\, x\, g(x)}{1+|y|}\Big] \\
&\leqq \frac{-k}{(1+\alpha|x|)(1+|y|)}\Big[\frac{1}{1+|y|}\{\eta\, x\, g(x) - \eta|x|\,(F+M) - \alpha|x|\, Y(1+Y)^2(F+M)\} \\
&\qquad - Y(1+Y)(F+M) - \frac{\eta\, Y^2}{1+\alpha|x|}\Big].
\end{aligned}$$

Für $|y| \leqq Y$ und $|x| \geqq a$ gilt sogar wegen (III), falls $\eta = \alpha\, Y\,(1+Y)^2$ ist,

$$\dot{v} \leqq \frac{-k}{(1+\alpha|x|)(1+|y|)}\Big[\frac{\eta|x|}{1+Y}(\varepsilon') - Y(1+Y)(F+M) - \frac{\eta\, Y^2}{1+\alpha\, a}\Big].$$

Mit $X' = \max\Big[\Big(Y(1+Y)(F+M) + \frac{\eta\, Y^2}{1+\alpha\, a}\Big)\frac{1+Y}{\eta\,\varepsilon'}, a\Big]$ ist

$$\dot{v} \leqq \frac{-k\,\delta}{(1+\alpha|x|)(1+|y|)} \quad \text{für} \quad |y| \leqq Y, \quad |x| \geqq X = X' + \delta\,(1+Y)/\eta\cdot\varepsilon', \quad 0 < k \leqq 1\,.$$

Dabei kann δ willkürlich gewählt werden.

Die obigen Überlegungen zeigen: Für

$$\eta = \alpha\, Y\,(1+Y)^2 < \min\,(\varepsilon, \varepsilon\, Y\,(1+Y)/a\, g) \qquad (2,12)$$

ist v eine LJAPUNOWsche Funktion, die in einem Bereich

$$C(G) = \{(x, y);\quad |y| \geqq Y \quad \text{oder} \quad |y| \leqq Y, \quad |x| \geqq X\}$$

der Phasenebene für das System (2,8) den Voraussetzungen des Satzes (2,3) genügt. Die Lösungen von (2,8) sind also gleichmäßig vollständig beschränkt.

Um endgültige Schranken zu finden, betrachte man ein Gebiet

$$G' = \{(x, y);\ |x| < A,\ |y| < B\},$$

wobei $A > X$, $B > Y$ ist. G' bestimmt endgültige Schranken, falls

$$\min_{(x,y)\in\bar{G}'\setminus G'} v(x, y) > \max_{(x,y)\in\bar{G}\setminus G} v(x, y) \tag{2,13}$$

ist (siehe Bemerkung (2,2)).

Mit

$$\underline{v}(x, y) = \frac{y^2}{2} + \int_0^x g(\xi)\, d\xi - \frac{\eta}{\alpha} + C < v(x, y) < \bar{v}(x, y) = \frac{y^2}{2} + \int_0^x g(\xi)\, d\xi + \frac{\eta}{\alpha} + C$$

ist

$$\max_{(x,y)\in\bar{G}/G} v(x, y) \leqq \max_{(x,y)\in\bar{G}\setminus G} \bar{v}(x, y) = \frac{Y^2}{2} + \max_{|x|\leqq X}\left[\int_0^x g(\xi)\, d\xi\right] + \frac{\eta}{\alpha} + C = M' + \frac{\eta}{\alpha} + C,$$

und

$$\min_{(x,y)\in\bar{G}'\setminus G'} v(x, y) \geqq \min_{(x,y)\in\bar{G}'\setminus G'} \underline{v}(x, y)$$

$$= \min\left\{\min\left[\int_0^A g(\xi)\, d\xi,\ \int_0^{-A} g(\xi)\, d\xi\right] - \frac{\eta}{\alpha} + C,\ \frac{B^2}{2} + \inf_{-\infty < x < +\infty} \int_0^x g(\xi)\, d\xi - \frac{\eta}{\alpha} + C\right\}.$$

Wenn also A, B so gewählt werden, daß

$$\min\left[\int_0^A g(\xi)\, d\xi,\ \int_0^{-A} g(\xi)\, d\xi\right] - \frac{\eta}{\alpha} + C > M' + \frac{\eta}{\alpha} + C$$

und

$$\frac{B^2}{2} + \inf_{-\infty < x < +\infty} \int_0^x g(\xi)\, d\xi - \frac{\eta}{\alpha} + C > M' + \frac{\eta}{\alpha} + C,$$

d. h. wegen (2,12) $\min\left[\int_0^A g(\xi)\, d\xi,\ \int_0^{-A} g(\xi)\, d\xi\right] > M' + 2\,Y\,(1 + Y)^2$

und

$$\frac{B^2}{2} > M' + 2\,Y\,(1 + Y)^2 - \inf_{-\infty < x < +\infty} \int_0^x g(\xi)\, d\xi$$

ausfällt, dann gilt erst recht (2,13). Diese A, B hängen nicht von k ab, weil X, Y nicht von k abhängen.

Damit ist der Satz vollständig bewiesen.

Beispiel (2,1). Für die RAYLEIGHsche Differentialgleichung

$$\ddot{x} + k\,(\dot{x}^2 - 1)\,\dot{x} + x = k\,e(t), \quad 0 < k \leqq 1, \quad |e(t)| \leqq M \quad \text{für} \quad t \geqq 0 \tag{2,14}$$

oder das System

$$\dot{x} = y, \quad \dot{y} = -x - k\,(y^3 - y - e(t)) \tag{2,15}$$

werden endgültige Schranken für die Lösungen $x(t)$, $y(t)$ berechnet.

Als LJAPUNOWsche Funktion sei

$$v = \frac{y^2}{2} + \frac{x^2}{2} + \frac{k\,\eta\,x\,y}{1 + \alpha\,|x|} + \frac{\eta^2}{\alpha^2} \qquad (\alpha, \eta > 0) \tag{2,16}$$

benutzt. Die Konstanten α, η werden später festgelegt. Es ist $v > 0$ für alle x, y und $v \to \infty$ für $x^2 + y^2 \to \infty$.

Für (2,15) ist

$$\dot v = -\frac{k}{(1+\alpha|x|)^2}\Big[y^4 - (1+\eta)\,y^2 - y\,e(t) + \eta\,x^2\,(1+\alpha|x|)$$

$$+\,\alpha\,|x|\,\frac{y}{|y|}\,(y^3 - y - e(t))\Big(2\,|y| + \frac{k\,\eta}{\alpha}\,\frac{x}{|x|}\,\frac{y}{|y|}\Big) + \alpha^2 x^2\,\frac{y}{|y|}\,(y^3 - y - e(t))\Big(|y| + \frac{k\,\eta}{\alpha}\,\frac{x}{|x|}\,\frac{y}{|y|}\Big)\Big].$$

Es sei $\varrho = \varrho(\eta, M) > 0$ die größte Wurzel der Gleichung

$$y^3 - (1+\eta)\,y - M = 0\,. \tag{2,17}$$

Man setze

$$Y = \varrho + \varepsilon \quad (\varepsilon > 0 \text{ beliebig}) \quad \text{und} \quad 0 < \frac{\eta}{\alpha} \leqq \varrho\,. \tag{2,18}$$

Ferner sei

$$-\,I = \min_{|y| \leqq Y} \,(y^4 - (1+\eta)\,y^2 - y\,M)$$

und

$$S = \max_{|y| \leqq Y} |(y^3 - y - M)|\,. \tag{2,19}$$

Demnach gilt für $|y| \geqq Y$, alle x und $0 < k \leqq 1$ die Abschätzung

$$\dot v \leqq \frac{-\,k\,2\,\varepsilon}{(1+\alpha\,|x|)^2}\,{}^{1)}$$

und für $|y| \leqq Y$, alle x und $0 < k \leqq 1$ die Abschätzung

$$\dot v \leqq \frac{-\,k}{(1+\alpha\,|x|)^2}\,[-\,I - \alpha\,|x|\,(2\,Y + \varrho)\,S - \alpha^2\,x^2\,(Y + \varrho)\,S + \eta\,x^2\,(1 + \alpha\,|x|)]\,.$$

Bezeichnet man mit $\sigma = \sigma(\eta, \alpha, M) > 0$ die größte Wurzel der Gleichung

$$\alpha\,\eta\,x^3 + \eta\,x^2 - \alpha^2\,S\,(Y + \varrho)\,x^2 - \alpha\,S\,(2\,Y + \varrho)\,x - I = 0 \tag{2,20}$$

und setzt

$$X = \sigma + \varepsilon' \qquad (\varepsilon' > 0 \text{ beliebig})\,, \tag{2,21}$$

dann ist für $|x| \geqq X$, $|y| \leqq Y$, $0 < k \leqq 1$ eine Abschätzung

$$\dot{} \leqq \frac{-\,k\,\varepsilon''}{(1+\alpha\,|x|)^2}$$

vorhanden, wobei $\varepsilon'' = \varepsilon''(\varepsilon') > 0$ für $\varepsilon' > 0$ ist und $\varepsilon'' \to 0$ strebt für $\varepsilon' \to 0$.

$v = v(x, y)$ ist also eine LJAPUNOWsche Funktion, die in dem Bereich $C(G)$, wo

$$G_{\eta,\alpha} = G = \{(x, y)\colon\ |x| < X,\ \ |y| < Y\}$$

ist, für das System (2,15) den Voraussetzungen des Satzes (2,3) genügt. Dabei sind X, Y aus (2,17—2,21) zu berechnen.

Ein Gebiet

$$G'_{\eta,\alpha} = G' = \{(x, y)\colon\ |x| < A,\ \ |y| < B\} \quad (A > X,\ B > Y)$$

bestimmt endgültige Schranken, falls

$$\max_{(x,y)\in\bar G\setminus G} v(x, y) < \min_{(x,y)\in\bar G'\setminus G'} v(x, y)$$

---

1) $y^4 - (1+\eta)\,y^2 - y\,e(t) \geqq |y|\,[|y|^3 - (1+\eta)\,|y| - M]$

$$\begin{aligned}
&\geqq (\varrho+\varepsilon)\,[(\varrho+\varepsilon)^3 - (1+\eta)\,(\varrho+\varepsilon) - M]\\
&\geqq (\varrho+\varepsilon)\,[3\,\varepsilon\,\varrho^2 + 3\,\varepsilon^2\,\varrho - (1+\eta)\,\varepsilon]\\
&= \varepsilon\,(\varrho+\varepsilon)\,[3\,\varrho\,(\varrho+\varepsilon) - (1+\eta)]\\
&> 2\,\varepsilon\,(\varrho+\varepsilon)\,(1+\eta)\\
&> 2\,\varepsilon\,(1+\eta)^{3/2}\\
&> 2\,\varepsilon;
\end{aligned}$$

denn es gilt $\varrho > (1+\eta)^{1/2}$.

ist. Nun ist

$$\max_{(x,y)\in\overline{G}\setminus G} v(x, y) = \frac{Y^2}{2} + \frac{X^2}{2} + \frac{k\,\eta\, X\, Y}{1+\alpha X} + \frac{\eta^2}{\alpha^2} \leqq \frac{Y^2}{2} + \frac{X^2}{2} + \frac{\eta\, X\, Y}{1+\alpha X} + \frac{\eta^2}{\alpha^2}$$

und

$$\min_{(x,y)\in\overline{G'}\setminus G'} v(x, y) \geqq \min_{(x,y)\in\overline{G'}\setminus G'} \left(\frac{y^2}{2} + \frac{x^2}{2} - \frac{\eta}{\alpha}|y| + \frac{\eta^2}{\alpha^2}\right) = \min\left[\frac{A^2}{2} + \frac{\eta^2}{2\alpha^2},\ \frac{B^2}{2} - \frac{\eta}{\alpha} B + \frac{\eta^2}{\alpha^2}\right].$$

Man kann also A, B aus

$$\frac{A^2}{2} > \frac{Y^2}{2} + \frac{X^2}{2} + \frac{\eta\, X\, Y}{1+\alpha X} + \frac{\eta^2}{2\alpha^2}$$

bzw.

$$\frac{B^2}{2} - \frac{\eta}{\alpha} B > \frac{Y^2}{2} + \frac{X^2}{2} + \frac{\eta\, X\, Y}{1+\alpha X}$$

berechnen. Diese A, B hängen nicht von k ab.

Da nun $\varepsilon, \varepsilon' > 0$ in (2,18) bzw. (2,21) beliebig waren, kann man A, B sogar aus

$$\frac{A^2}{2} > \frac{\varrho^2}{2} + \frac{\bar\sigma^2}{2} + \frac{\eta\,\varrho\,\bar\sigma}{1+\alpha\bar\sigma} + \frac{\eta^2}{2\alpha^2}$$

bzw.

$$\frac{B^2}{2} - \frac{\eta}{\alpha} B > \frac{\varrho^2}{2} + \frac{\bar\sigma^2}{2} + \frac{\eta\,\varrho\,\bar\sigma}{1+\alpha\bar\sigma}$$

berechnen. Dabei ist $\bar\sigma$ die größte Wurzel der Gleichung (2,20) für $Y = \varrho$.

Zahlenbeispiel

Mit $\eta = \alpha = 1$ ist

M	ϱ	I	S	$\bar\sigma$	$\frac{\varrho^2}{2} + \frac{\bar\sigma^2}{2} + \frac{\varrho\,\bar\sigma}{1+\bar\sigma}$	$A \geqq$	$B \geqq (\inf A + 1)$
0	$\sqrt{2} = 1{,}414$	1,00	$\sqrt{2} = 1{,}414$	4,412	11,886	4,977	5,977
1	1,618	2,058	3,618	12,2	77,22	12,45	13,45
2	1,79	3,207	5,945	21,76	240,06	22	23

Es wird nun die Differentialgleichung (0,3) untersucht und der folgende Satz bewiesen (man vergleiche mit [14, 10] und dem Aufsatz auf Seite 159 in [4] No. 20).

Satz (2,5). In der Differentialgleichung

$$\ddot{x} + k\, f(x)\, \dot{x} + g(x) = k\, e(t)\,, \qquad 0 < k \leqq 1 \tag{0,3}$$

genügen die Funktionen $e(t)$, $f(x)$, $g(x)$ folgenden Bedingungen:

(I) Mit $\int_0^t e(\tau)\, d\tau = p(t)$ sei $|p(t)| \leqq M$ für $t \geqq 0$,

(II) mit $\int_0^x f(\xi)\, d\xi = F(x)$ sei

$$\frac{x}{|x|} F(x) \geqq M + \varepsilon \qquad \text{für } |x| \geqq X\,,$$

$$|F(x)| \leqq F \quad (F > 0) \qquad \text{für } |x| \leqq X\,,$$

(III)

$$\frac{x}{|x|} g(x) \geqq \varepsilon' \qquad \text{für } |x| \geqq X\,,$$

$$|g(x)| \leqq g \quad (g > 0) \qquad \text{für } |x| \leqq X\,,$$

wo ε, ε' beliebig kleine, aber feste, positive Zahlen sind. Dann sind die Lösungen von (0,3) gleichmäßig-vollständig beschränkt. Für die Lösungen $x(t)$, $\dot{x}(t)$ können dabei endgültige Schranken gegeben werden, die nicht von k abhängen.

Beweis. (0,3) wird als System

$$\dot{x} = y - k\,(F(x) - p(t)), \quad \dot{y} = -g(x) \tag{2,22}$$

geschrieben. Als Ljapunowsche Funktion nimmt man (vgl. (29))

$$v = \frac{y^2}{2} + \int_0^x g(\xi)\,d\xi - \frac{k\,\eta\,x\,y}{(1+\alpha\,|x|)\,(1+|y|)} + C\,, \tag{2,23}$$

wobei die Konstante

$$C > \sup_{-\infty < x < +\infty} \left(-\int_0^x g(\xi)\,d\xi\right) + \frac{\eta}{\alpha} \quad \text{und} \quad \eta,\,\alpha > 0$$

benutzt werden. η, α sind vorläufig beliebige Konstanten, werden aber unten festgelegt. Es ist $v > 0$ für alle x, y und $v \to \infty$ für $x^2 + y^2 \to \infty$.

Für das System (2,22) ist

$$\dot{v} = -k\left[g(x)\,(F(x) - p(t)) + \frac{\eta\,y^2}{(1+\alpha\,|x|)^2\,(1+|y|)} - \frac{k\,\eta\,(F(x) - p(t))\,y}{(1+\alpha|x|)^2\,(1+|y|)} - \frac{\eta\,x\,g(x)}{(1+\alpha\,|x|)\,(1+|y|)^2}\right].$$

Es sei nun $\alpha = 1$, $\eta < \min(\varepsilon/2, \varepsilon'/2)$ gewählt. Z. B. sei $\eta = 1/4 \min(\varepsilon, \varepsilon')$. Dann gelten folgende Abschätzungen:

Für $|x| \geqq X$, alle y und $0 < k \leqq 1$ ist

$$\begin{aligned}\dot{v} = -k\,\Bigg\{&\frac{g(x)}{2}\left[F(x) - p(t) - \frac{2\,\eta\,x}{(1+|x|)\,(1+|y|)^2}\right] + \frac{\eta\,y^2}{(1+|x|)^2\,(1+|y|)}\\ &+ [F(x) - p(t)]\left[g(x)/2 - \frac{k\,\eta\,y}{(1+|x|)^2\,(1+|y|)}\right]\Bigg\}\\ \leqq -k&\left[(\varepsilon'/2)\,(\varepsilon - 2\,\eta) + \frac{\eta\,y^2}{(1+|x|)^2\,(1+|y|)} + \varepsilon((\varepsilon'/2) - \eta)\right] \leqq -k\,\delta\,,\end{aligned}$$

wo δ nach Vorgabe von η eine feste positive Zahl ist.

Für $|x| \leqq X$, $0 < k \leqq 1$ gilt

$$\dot{v} \leqq -k\left[-g\,(F+M) - \frac{\eta\,X\,g}{(1+X)\,(1+|y|)^2} - \eta\,(F+M) + \frac{\eta\,y^2}{(1+X)^2\,(1+|y|)}\right].$$

Da der Klammerausdruck für $|y| \to \infty$ nach ∞ strebt und nicht von k abhängt, existiert ein Y, das ebenfalls von k unabhängig ist, so daß für $|y| \geqq Y$, $|x| \leqq X$ und $0 < k \leqq 1$

$$\dot{v} \leqq -k\,\delta$$

ist. Demnach ist v eine Ljapunowsche Funktion, die für das System (2,22) in dem Bereich $C(G_\eta)$, wo

$$G_\eta = \{(x, y)\colon\ |x| < X,\ |y| < Y\}$$

ist, den Voraussetzungen des Satzes (2,3) genügt. Die Lösungen von (2,22) sind also gleichmäßig-vollständig beschränkt.

Ein Gebiet $G'_\eta = \{(x, y)\colon |x| < A,\ |y| < B\}$, das für (2,22) endgültige Schranken bestimmt, kann man wie im Satz (2,4) aus der Ungleichung

$$\underline{v}(x, y) = (y^2/2) + \int_0^x g(\xi)\,d\xi - \eta + C \leqq v(x, y) \leqq \bar{v}(x, y) = (y^2/2) + \int_0^x g(\xi)\,d\xi + \eta + C$$

mit der Vorschrift

$$\min_{(x,y)\in \bar{G}'_\eta \setminus G'_\eta} \underline{v}(x, y) > \max_{(x,y)\in \bar{G}_\eta \setminus G_\eta} \bar{v}(x, y)$$

bestimmen. Diese A, B hängen nicht von k ab. Für $\dot{x}(t)$ gilt dann die folgende endgültige Schranke

$$|\dot{x}(t)| < B + M + \max_{|x| \leqq A} |F(x)| ,$$

die man aus (2,22) gewinnt. Diese hängt auch nicht von k ab.

Damit ist der Satz vollständig bewiesen.

Anmerkung. Die Einschränkung $0 < k \leqq 1$ ist ohne weiteres durch $0 < k \leqq K$ ersetzbar, wo K eine beliebige positive Konstante ist.

Der Beweis läuft dann mit

$$\eta < \min\left(\frac{\varepsilon}{2}, \frac{\varepsilon'}{2K}\right).$$

Bemerkung (2,4). Wenn die Differentialgleichung (0,3) als System

$$\dot{x} = y, \quad \dot{y} = -g(x) - k(f(x)\, y - e(t)), \quad 0 < k \leqq 1 \tag{2,24}$$

betrachtet wird und $f(x)$, $g(x)$, $e(t)$ den Bedingungen

$$\begin{array}{llll} \text{(I)} & |e(t)| \leqq M & \text{für} & t \geqq 0 , \\ \text{(II)} & f(x) \geqq \varepsilon & \text{für} & |x| \geqq X , \\ \text{(III)} & \dfrac{x}{|x|}\, g(x) \geqq M + \varepsilon' & \text{für} & |x| \geqq X \end{array}$$

genügen, wobei ε, ε' beliebig kleine, aber feste, positive Zahlen sind, so kann man für (2,24) eine LJAPUNOWsche Funktion der Art

$$v = \frac{y^2}{2} + \int_0^x g(\xi)\, d\xi + k\left(c - \frac{L}{1 + b|x|}\right)\frac{x\,y}{(1 + a\,|x|)} + k^2 \int_0^x \left(c - \frac{L}{1 + b\,|\xi|}\right)\frac{f(\xi)\,\xi}{1 + a\,|\xi|}\, d\xi + C$$

angeben. Dabei sind a, b, c, L und C positive Konstanten, die geeignet zu wählen sind. Solche Funktionen liefern unmittelbar endgültige Schranken für die Lösungen $(x(t), \dot{x}(t))$. Die Rechnungen sind wieder sehr umfangreich und werden hier weggelassen. Wir wenden nun Satz (2,5) auf das folgende Beispiel an.

Beispiel (2,2). Für die Lösungen der LIÉNARDschen Differentialgleichung

$$\ddot{x} + (x^2 - 1)\,\dot{x} + x = e(t), \quad |p(t)| \leqq M \quad \text{für} \quad t \geqq 0 , \tag{2,25}$$

wobei $p(t) = \int_0^t e(\tau)\, d\tau$ ist, sollen endgültige Schranken berechnet werden. (2,25) sei als System

$$\dot{x} = y - \frac{x^3}{3} + x + p(t), \quad \dot{y} = -x \tag{2,26}$$

betrachtet. Als LJAPUNOWsche Funktion kann man

$$V = \frac{y^2}{2} + \frac{x^2}{2} - \frac{x\,y}{1 + |y|} + 1 \quad (\eta = 1,\ \alpha = 0,\ C = 1)$$

nehmen. Für das System (2,26) ist

$$\begin{aligned} \dot{V} &= -x\left(\frac{x^3}{3} - x - p(t)\right) + \frac{x^2}{(1 + |y|)^2} - \frac{y^2}{1 + |y|} + \frac{y}{1 + |y|}\left(\frac{x^3}{3} - x - p(t)\right) \\ &\leqq -x\left(\frac{x^3}{3} - 2\,x - p(t)\right) + \left|\frac{x^3}{3} - x - p(t)\right| - \frac{y^2}{1 + |y|} . \end{aligned}$$

Es sei nun $\varrho \geqq \sqrt{6} > 0$ die größte Wurzel der Gleichung

$$\frac{x^4}{3} - \frac{x^3}{3} - 2\,x^2 - x\,(1 + M) - M = 0\,. \tag{2,27}$$

Außerdem sei

$$\max_{|x| \leqq \varrho}\left(-\frac{x^4}{3} + 2\,x^2 + x\,M\right) = m_1 \quad \text{und} \quad \max_{|x| \leqq \varrho + \varepsilon}\left|\frac{x^3}{3} - x\right| = m_2 \quad (\varepsilon > 0)\,. \tag{2,28}$$

Dann gilt: Für $|x| \geqq \varrho + \varepsilon = X$ und alle y ist

$$\dot V \leqq -\delta = -\delta(\varepsilon) \quad (\delta > 0) \quad (\varepsilon > 0 \text{ beliebig}),$$

und für $|x| \leqq X$ ist

$$\dot V \leqq m_1 + m_2 + M - \frac{y^2}{1 + |y|} = M' - \frac{y^2}{1 + |y|} \qquad (M' = m_1 + m_2 + M)\,.$$

Es ist also

$$\dot V \leqq -\delta' = -\delta'(\varepsilon')\ (\delta' > 0) \quad \text{für} \quad |y| \geqq Y = \sigma + \varepsilon' \quad (\varepsilon' > 0 \text{ beliebig})\,,$$

wo $\sigma > 0$ die größte Wurzel der Gleichung

$$y^2 - M'\,y - M' = 0 \quad (\sigma < M' + \sqrt{M'}) \tag{2,29}$$

ist. Damit ist V eine Ljapunowsche Funktion für (2,26), die in dem Bereich $C(G)$, wo

$$G = \{(x, y) \colon |x| < X,\ |y| < Y\}$$

ist, den Voraussetzungen des Satzes (2,3) genügt. Endgültige Schranken für die Lösungen $x(t)$, $y(t)$ seien nun durch ein Gebiet

$$G' = \{(x, y) \colon |x| < A,\ |y| < B\}$$

bestimmt. Dann muß

$$\min_{(x,y) \in \bar G' \setminus G'} V(x, y) > \max_{(x,y) \in \bar G \setminus G} V(x, y)$$

gelten. Nun ist

$$\max_{(x,y) \in \bar G \setminus G} V(x, y) = \frac{X^2}{2} + \frac{Y^2}{2} + \frac{X\,Y}{1 + Y} + 1$$

und

$$\min_{(x,y) \in \bar G' \setminus G'} V(x, y) \geqq \min\left[\frac{B^2}{2} + \frac{1}{2}\,,\ \frac{A^2}{2} - A + 1\right].$$

Wenn man nun beachtet, daß ε, $\varepsilon' > 0$ beliebig klein gewählt werden können, kann man A und B aus den Ungleichungen

$$B^2 > \varrho^2 + \sigma^2 + \frac{2\,\varrho\,\sigma}{1 + \sigma} + 1 \qquad \text{und} \qquad A^2 - 2\,A + 1 > \varrho^2 + \sigma^2 + \frac{2\,\varrho\,\sigma}{1 + \sigma} + 1$$

berechnen.

Zahlenbeispiel

M	ϱ	m_1	m_2	$M' = m_1 + m_2 + M$	σ	$\varrho^2 + \sigma^2 + \frac{2\varrho\sigma}{1+\sigma} + 1$	$\lvert y(t)\rvert < B$	$\lvert x(t)\rvert < A$	$\lvert\dot x(t)\rvert < B + \frac{A^3}{3} - A + M$
0	3,19	3,00	7,61	10,61	11,55	149,35	12,22	13,22	769
1	3,36	4,85	9,34	14,19	15,13	249,00	15,80	16,80	1590
2	3,50	6,70	10,30	19,00	20,00	421,00	20,50	21,5	3310

Es wird nun ein Satz (man vergleiche mit [29]) über die allgemeine Differentialgleichung (0,1) bewiesen.

Satz (2,6). Die Lösungen der Gleichung (0,1) oder des Systems

$$\dot{x} = y, \quad \dot{y} = -g(x) + k\,f(x, y, t)\,, \quad 0 < k \leqq 1 \tag{2,30}$$

sind gleichmäßig-vollständig beschränkt, falls

$$\text{(I)} \qquad \frac{x}{|x|}\,g(x) \to \infty \quad \text{für} \quad |x| \to \infty\,,$$

$$\text{(II)} \qquad \frac{y}{|y|}\,f(x, y, t) \begin{cases} \leqq A_1 + A_2\,|y| & \text{für alle} \quad x, y, t, \\ \leqq -A_3|y| & \text{für} \quad |x| \geqq a,\ |y| \geqq b,\ \text{alle } t\,, \end{cases}$$

$$\text{(III)} \qquad |f(x, y, t)| \leqq F(|y|)\,,$$

wobei a, b, A_1, A_2, A_3 positive Zahlen sind und $F(r)$ eine monoton zunehmende stetige Funktion von r ist. Dabei kann man für die Lösungen endgültige Schranken angeben, die nicht von k abhängen.

Beweis. Als Ljapunowsche Funktion sei

$$v = \frac{y^2}{2} + \int_0^x g(\xi)\,d\xi + k\,\Phi(x)\,y + C \tag{2,31}$$

gewählt. $\Phi(x)$ ist eine stetig differenzierbare Funktion mit den folgenden Eigenschaften:

$$\text{I.} \qquad A_2 + \frac{d\Phi}{dx} \leqq -\varepsilon_1 \quad \text{für} \quad |x| \leqq a\,,$$

$$\text{II.} \qquad -A_3 + \frac{d\Phi}{dx} \leqq -\varepsilon_2 \quad \text{für} \quad |x| \geqq a \quad (\varepsilon_2 < A_3)\,,$$

III. es existiert eine hinreichend große, aber feste Zahl $X_1 \geqq a$, so daß

$$\frac{x}{|x|}\,\Phi(x) \geqq \varepsilon_3 \quad \text{für} \quad |x| \geqq X_1\,,$$

$$\text{IV.} \qquad |\Phi(x)| \leqq T \quad \text{für alle } x\,.$$

Dabei sind $\varepsilon_1, \varepsilon_2, \varepsilon_3 > 0$ beliebig kleine, aber feste und X_1, T feste positive Zahlen. Daß eine solche Funktion $\Phi(x)$ immer existiert, ist leicht einzusehen; z. B. kann Φ eine ungerade Funktion der Form sein:

$$\Phi = \begin{cases} -A\,x & \text{für} \quad 0 \leqq x \leqq a\,, \\ -\sqrt{R^2 - (x - Z_1)^2} & \text{für} \quad a \leqq x \leqq Z_2\,, \\ \varepsilon(x - Z_3) & \text{für} \quad Z_2 \leqq x \leqq Z_3\,, \\ \dfrac{\varepsilon\,(x - Z_3)}{1 + |x - Z_3|} & \text{für} \quad x \geqq Z_3\,, \end{cases}$$

wobei

$$R = a\,A\sqrt{1 + A^2}\,, \quad Z_1 = a\,(1 + A^2)\,, \quad Z_2 = Z_1 + R\,\frac{\varepsilon}{\sqrt{1 + \varepsilon^2}}\,,$$

$$Z_3 = Z_1 + \frac{R\sqrt{1 + \varepsilon^2}}{\varepsilon}$$

ist und $A, \varepsilon > 0$ beliebige Konstanten sind. Hierbei braucht man nur $A > \varepsilon_1 + A_2$ und $\varepsilon < A_3 - \varepsilon_2$ zu wählen, um eine Funktion Φ der genannten Art zu erhalten.

C in (2,31) ist eine positive Konstante, die größer als

$$\frac{T^2}{2} + \sup_{-\infty<x<+\infty}\left(-\int_0^x g(\xi)\,d\xi\right)$$

ist. Dann ist $v > 0$ für alle x, y und $v \to \infty$ für $x^2 + y^2 \to \infty$.

Für das System (2,30) ist

$$\frac{dv}{dt} = k\,[y\,f(x, y, t) + k\,\Phi(x)\,f(x, y, t) + \frac{d\Phi}{dx}\,y^2 - \Phi(x)\,g(x)]\,. \qquad (2,32)$$

Für $|x| \leqq a$, $|y| \geqq T$, $0 < k \leqq 1$ gilt wegen (II), I. und IV.:

$$\dot{v} \leqq k\,[(A_1 + A_2|y|)\,(|y| + T) + y^2\,(-A_2 - \varepsilon_1) + T\,g_1]$$

$$= -k\,[\varepsilon_1\,y^2 - (A_1 + A_2\,T)\,|y| - T\,(A_1 + g_1)]\,,$$

wo $\sup\limits_{|x|\leqq a} |g(x)| = g_1$ ist. Da der Klammerausdruck mit wachsendem $|y|$ nach $+\infty$ strebt, existiert ein $Y_1 \geqq T$, so daß

$$\dot{v} \leqq -k\,\delta \quad (\delta > 0 \text{ beliebig})$$

ist für $|x| \leqq a$, $|y| \geqq Y_1$.

Für $|x| \geqq a$, $|y| \geqq \max(b, T)$ gilt wegen (II) und II.—IV. die Abschätzung

$$\dot{v} \leqq k\,[-A_3|y|\,(|y| - T) + (A_3 - \varepsilon_2)\,y^2 + T \cdot g_2]$$

$$= -k\,[\varepsilon_2\,y^2 - A_3\,T|y| - g_2\,T] \quad \text{mit} \quad g_2 = \sup_{a\leqq|x|\leqq Z_2} |g(x)|\,.$$

Dabei ist $Z_2 \geqq X_1$ so zu wählen, daß mit $\frac{x}{|x|}\,\Phi(x) > 0$ für $|x| \geqq Z_2$ auch $\frac{x}{|x|}\,g(x) > 0$ wird. Da nun der Klammerausdruck für $|y| \to \infty$ nach $+\infty$ strebt, gibt es ein $Y_2 \geqq \max(b, T)$, so daß

$$\dot{v} \leqq -k\,\delta$$

ist für $|x| \geqq a$; $|y| \geqq Y_2$.

Für $|y| \leqq Y_2$ und $|x| \geqq Z_2$ gilt wegen (I)—(III) und III., IV. die Abschätzung

$$\dot{v} \leqq k\left[(A_1 + A_2|y|)\,|y| + T\,F(Y_2) + y^2\,(A_3 - \varepsilon_2) - \varepsilon_3\,\frac{x}{|x|}\,g(x)\right]$$

$$\leqq -k\left[\varepsilon_3\,\frac{x}{|x|}\,g(x) - Y_2^2\,(A_2 + A_3 - \varepsilon_2) - Y_2\,A_1 - T\,F(Y_2)\right].$$

Da nun der Klammerausdruck nach $+\infty$ strebt mit $|x| \to \infty$, so gibt es ein $Z_3 \geqq Z_2$, so daß

$$\dot{v} \leqq -k\,\delta$$

ist für $|y| \leqq Y_2$, $|x| \geqq Z_3$.

Die obigen Abschätzungen zeigen: Die Funktion v ist in dem Bereich $C(G)$, wo

$$G = \{(x, y)\colon\ |x| < X = Z_3,\ |y| < Y = \max(Y_1, Y_2)\}$$

ist, eine LJAPUNOWsche Funktion für das System (2,30), die den Voraussetzungen des Satzes (2,3) genügt. Die Lösungen von (2,30) sind also gleichmäßig-vollständig beschränkt.

Ein Gebiet $G' = \{(x, y)\colon\ |x| < A,\ |y| < B\}$, das endgültige Schranken bestimmt, kann mit Hilfe der Ungleichungen

$$\underline{v}(x, y) = \frac{y^2}{2} + \int_0^x g(\xi)\,d\xi - T|y| + C \leqq v(x, y) \leqq \bar{v}(x, y)$$

$$= \frac{y^2}{2} + \int_0^x g(\xi)\,d\xi + T|y| + C$$

aus der Bedingung

$$\min_{(x,y)\in \bar{G}'\setminus G'} \underline{v}(x, y) > \max_{(x,y)\in \bar{G}\setminus G} \bar{v}(x, y)$$

bestimmt werden. Die so bestimmten A, B hängen nicht von k ab, da dies für X, Y zutrifft. Damit ist der Satz vollständig bewiesen.

Aus dem obigen Satz läßt sich leicht der folgende Satz ableiten (man vergleiche mit [29, 11] oder Seite 171 in [1]):

Satz (2,7). Die Lösungen der Differentialgleichung (0,4) oder des Systems

$$\dot{x} = y,\ \dot{y} = -g(x) - k(f(x, y)\, y - e(t)) \quad (0 < k \leqq 1) \tag{2,33}$$

sind gleichmäßig-vollständig beschränkt, falls

$$\text{(I)}\quad |e(t)| \leqq M \quad \text{für} \quad t \geqq 0\,,$$

$$\text{(II)}\quad f(x, y) \geqq m \quad \text{für} \quad |x| \geqq a,\ |y| \geqq b\,,$$

$$F(|y|) \geqq f(x, y) \geqq -f \quad \text{für alle } x, y\,,$$

$$\text{(III)}\quad \frac{x}{|x|}\, g(x) \to +\infty \quad \text{für} \quad |x| \to \infty\,.$$

Dabei sind M, f, m positive Konstanten und $F(r)$ eine monoton zunehmende Funktion von r. Endgültige Schranken können auch hier durch ein Rechteck, dessen Grenzen nicht von k abhängen, gegeben werden.

III. STABILITÄTSUNTERSUCHUNGEN

1. EINLEITUNG

In diesem Teil wird die Frage der asymptotischen Stabilität im Ganzen für die Gleichungen (0,2), (0,3), (0,4) untersucht. Man weiß, daß mindestens eine periodische Lösung mit der Periode von $e(t)$ existiert, wenn die Störungsfunktion $e(t)$ periodisch ist und die Lösungen gleichmäßig-vollständig beschränkt sind (siehe z. B. [15, 44]). Weiterhin ist bekannt, daß die lineare Gleichung

$$\ddot{x} + c\,\dot{x} + a\,x = e(t)\,, \quad e\,(t + L) \equiv e(t)\,, \quad c, a > 0 \tag{3,1}$$

nur eine periodische Lösung besitzt und alle anderen mit wachsendem t zu ihr hinstreben. In der Tat ist die Bedingung

$$c, a > 0$$

notwendig und hinreichend für dieses Verhalten. Die Bedingung ist obendrein unabhängig von M, wo $|e(t)| \leqq M$ ist.

Zunächst werden für die Gleichungen (0,2—0,4) einige hinreichende Bedingungen angegeben, die, möglichst unabhängig von M, eine einzige, im Ganzen asymptotisch stabile periodische Lösung sichern. Dabei werden Ljapunowsche Funktionen benutzt, die nicht von t abhängen. Diese Bedingungen sind besonders dann vorteilhaft zu gebrauchen, wenn $g(x)$ nichtlinear ist. Bei vorgegebenem M können natürlich die Bedingungen vereinfacht werden, wenn man beachtet, daß sie nur in dem Gebiet der gleichmäßig-vollständigen Beschränktheit zu gelten brauchen. Das wird an einem Beispiel gezeigt. Nachher wird ein Satz von Cartwright und Littlewood [10] (siehe auch [30]) unter geringeren Voraussetzungen bewiesen, indem eine Ljapunowsche Funktion, die jetzt von t abhängt, benutzt wird. Die Ljapunowschen Funktionen werden immer mit Hilfe des Energieintegrals gebildet. Zum Schluß wird noch eine Methode untersucht, die man unter Umständen auf ein beliebiges System $\dot{x} = F(t, x)$ anwenden kann. Diese Methode ergibt sich aus der Arbeit von Z. Opial [16] über die Differentialgleichung $\ddot{x} + F(\dot{x}) + g(x) = e(t)$.

2. HILFSMITTEL

Für die weiteren Betrachtungen wird benötigt:

Lemma (3,1). Aus den Ungleichungen

$$|a| < c\,, \quad |a + b| < c$$

folgt die Ungleichung

$$|a + \vartheta\, b| < c \quad (0 \leqq \vartheta \leqq 1)$$

und umgekehrt. a, b sind dabei beliebige komplexe Zahlen. (Man betrachte die Punkte a, b und $a + \vartheta\, b$ $(0 \leqq \vartheta \leqq 1)$ in der komplexen z-Ebene. Dann liegen mit a und $a + b$ auch die Punkte $a + \vartheta\, b$ $(0 \leqq \vartheta \leqq 1)$ in dem Gebiet $|z| < c$ und umgekehrt.)

Definition (3,1) (siehe [19]). Eine Lösung $x(t) = (x_1(t), \ldots, x_n(t))$ des Systems

$$\dot{x} = F(t, x) \tag{1,2}$$

heißt *äußerst stabil*, wenn sie für $t \geqq 0$ beschränkt ist und für jede andere Lösung $\bar{x}(t)$

$$\|\bar{x}(t) - x(t)\| \to 0 \quad \text{für} \quad t \to \infty$$

gilt.

Bemerkung (3,1). Wenn eine Lösung von (1,2) äußerst stabil ist, dann sind alle Lösungen äußerst stabil. Man sagt, daß das System (1,2) äußerst stabil ist.

Satz (3,1) (siehe [19]). Das System

$$\dot{x} = F(t, x)\,, \quad F(t + L, x) \equiv F(t, x)$$

ist genau dann einer erzwungenen Schwingung fähig, der sich sämtliche Lösungen asymptotisch nähern, wenn es äußerst stabil ist.

3. ANWENDUNG

Es sei nun die Differentialgleichung

$$\ddot{x} + F(\dot{x}) + g(x) = e(t)\,, \quad |e(t)| \leqq M \text{ für } t \geqq 0 \tag{0,2}$$

oder das System

$$\dot{x} = y\,, \quad \dot{y} = -g(x) - F(y) + e(t) \tag{3,2}$$

gegeben. Die Funktionen $g(x)$, $F(y)$ genügen folgenden Bedingungen:

$$0 < a_1 \leqq g'(x) \leqq a_2 \qquad \left(g'(x) = \frac{d}{dx}\, g(x)\right),$$

$$0 < a_3 \leqq F'(y) \leqq a_4\,.$$

Dann sind notwendigerweise die Lösungen von (3,2) gleichmäßig-vollständig beschränkt (Satz (2,4)). Es erhebt sich die Frage, ob man die Konstanten a_1, a_2, a_3, a_4 so wählen kann, daß die Lösungen äußerst stabil werden. Eine Antwort gibt der folgende Satz.

Satz (3,2). Zu jeder Wahl der Konstanten a_1, a_3, a_4 gibt es eine Zahl $m = m(a_1, a_3, a_4) > 0$, so daß, wenn $a_2 < a_1 + m$ ist, die Lösungen des Systems (3,2) äußerst stabil sind.

Beweis. $(p(t), q(t) = \dot{p}(t))$ sei eine Lösung von (3,2). Mit $x = u + p(t)$, $y = v + q(t)$ nehmen die Differentialgleichungen der gestörten Bewegung die Form

$$\dot{u} = v, \quad \dot{v} = -[g(u + p(t)) - g(p(t))] - [F(v + q(t)) - F(q(t))] \tag{3,3}$$

an. Es sei

$$a_2 = a_1 + \eta' K \quad (\eta', K > 0) \tag{3,4}$$

gesetzt, wobei K eine positive, sonst beliebige Konstante ist. Bei festem K wird ein möglichst großer Wert η' als Funktion von K berechnet, so daß die Nullösung von (3,3) asymptotisch stabil im Ganzen bleibt. Dann wird K so bestimmt, daß $\eta' K$ sein Maximum annimmt.

Zum Ziel führt die Ljapunowsche Funktion

$$V = \frac{v^2}{2} + \int_0^u [g(\xi + s) - g(s)]\, d\xi + \eta\, u\, v\,, \tag{3,5}$$

wo s eine beliebige feste Zahl ist (z. B. $s = 0$).

Da $\int_0^u (g(\xi + s) - g(s))\, d\xi \geqq a_1 \frac{u^2}{2}$ ist, ist V positiv definit in der ganzen Phasenebene, falls

$$\eta^2 < a_1\,, \quad \text{d. h.} \quad \eta < \sqrt{a_1} \tag{3,6}$$

ist. Für das System (3,3) ist

$$\frac{dV}{dt} = -v\,[g\,(u + p(t)) - g(p(t)) + F\,(v + q(t)) - F(q(t))]$$
$$+ [g\,(u + s) - g(s)]\,v + \eta\,v^2$$
$$- \eta\,u\,[g\,(u + p(t)) - g(p(t)) + F\,(v + q(t)) - F(q(t))]$$
$$= -v^2\,[F'\,(q(t) + \vartheta\,v) - \eta] - \eta\,g'\,(p(t) + \vartheta_1\,u)\,u^2$$
$$- u\,v\,[g'\,(p(t) + \vartheta_1\,u) - g'\,(s + \vartheta_2\,u) + \eta\,F'\,(q(t) + \vartheta\,v)]\,,$$

wenn man den Mittelwertsatz der Differentialrechnung berücksichtigt. Dabei gilt für jedes feste t $0 < \vartheta, \vartheta_1, \vartheta_2 < 1$. Man sieht, daß V sicher negativ definit ist, wenn

$$- v^2\,(a_3 - \eta) - u\,v\,(\eta'\,K + \eta\,a_4) - \eta\,a_1\,u^2 \tag{3,7}$$

negativ definit ist. Man wähle nun $\eta' \leqq \eta$. Dann ist (3,7) sicher negativ definit, wenn

$$- v^2\,(a_3 - \eta) - \eta\,u\,v\,(K + a_4) - \eta\,a_1\,u^2$$

negativ definit ist. Dafür ist aber notwendig und hinreichend, daß

$$\eta^2\,(K + a_4)^2 < 4\,\eta\,a_1\,(a_3 - \eta)\,, \quad \text{d. h.} \quad \eta < \frac{4\,a_1\,a_3}{4\,a_1 + (K + a_4)^2}$$

gewählt wird. Da nun für $K \geqq 0$, $a_4 \geqq a_3$,

$$\frac{4\,a_1\,a_3}{4\,a_1 + (K + a_4)^2} \leqq \sqrt{a_1}$$

ist, ist V für beliebiges $K \geqq 0$ und $\eta < \dfrac{4\,a_1\,a_3}{4\,a_1 + (K + a_4)^2}$ eine LJAPUNOWsche Funktion für das System (3,3), die dem Satz (1,2a) genügt. Die Konstante K war beliebig. Es sei nun K so gewählt, daß

$$\frac{4\,a_1\,a_3\,K}{4\,a_1 + (K + a_4)^2}$$

sein Maximum annimmt. Dann ist

$$K = \sqrt{4\,a_1 + a_4^2} \tag{3,8}$$

zu setzen. Für jedes beliebig kleine $\varepsilon > 0$ und

$$0 \leqq \eta' \leqq \frac{4\,a_1\,a_3}{4\,a_1 + (K + a_4)^2} - \varepsilon_{\circ} \quad \left(K = \sqrt{4\,a_1 + a_4^2}\right)$$

stellt V eine LJAPUNOWsche Funktion dar, die den Voraussetzungen des Satzes (1,2a) genügt.
Dabei ist

$$\eta = \frac{4\,a_1\,a_3}{4\,a_1 + (K + a_4)^2} - \varepsilon \quad \left(K = \sqrt{4\,a_1 + a_4^2}\right)$$

zu wählen. Für

$$m = \frac{4\,a_1\,a_3\,K}{4\,a_1 + (K + a_4)^2} = \frac{a_3}{2}\,(K - a_4) \quad \left(K = \sqrt{4\,a_1 + a_4^2}\right) \tag{3,9}$$

ist also die Nullösung von (3,3) asymptotisch stabil im Ganzen. Damit sind die Lösungen von (3,2) äußerst stabil.

Nach dem Satz (3,1) kann der folgende Satz ausgesprochen werden:

Satz (3,2a). Die Differentialgleichung

$$\ddot{x} + F(\dot{x}) + g(x) = e(t)\,, \quad e\,(t + L) \equiv e(t) \tag{3,10}$$

besitzt eine im Ganzen asymptotisch stabile periodische Lösung, falls

$$\text{(I)}\quad 0 < a_1 \leqq g'(x) \leqq a_2 < a_1 + m\,,$$

$$\text{(II)}\quad 0 < a_3 \leqq F'(y) \leqq a_4\,,$$

wo a_1, a_3, a_4 beliebig sind und $m = \frac{a_3}{2}\left[\sqrt{4\,a_1 + a_4^2} - a_4\right]$ bedeutet.

Zahlenbeispiel. Für $a_1 = a_3 = 1$, $a_4 = 2$ ist $m = 0{,}414$.

Für $a_1 = a_3 = a_4 = 1$ ist $m = 0{,}618$.

Bemerkung (3,2). Es wurden die Bedingungen der obigen Sätze unabhängig von M aufgeschrieben. Wenn nun die Lösungen von (3,2) gleichmäßig-vollständig beschränkt sind und die endgültigen Schranken durch ein Gebiet G' der Phasenebene bestimmt sind, dann brauchen die obigen Bedingungen nur in dem Bereich $\overline{G'}$ zu gelten. Dabei beachte man das Lemma (3,1).

Es werde nun die Differentialgleichung

$$\ddot{x} + f(x)\,\dot{x} + g(x) = e(t)\,,\quad |e(t)| \leqq M \quad \text{für} \quad t \geqq 0$$

oder das System

$$\dot{x} = y - \int_0^x f(\xi)\,d\xi\,,\quad \dot{y} = -g(x) + e(t) \tag{3,11}$$

betrachtet. Die Funktionen $g(x)$, $f(x)$ genügen folgenden Bedingungen:

$$0 < a_1 \leqq g'(x) \leqq a_2\,,\qquad 0 < a_3 \leqq f(x) \leqq a_4\,. \tag{3,12}$$

Dann gilt der folgende Satz:

Satz (3,3). Zu jeder Wahl der Konstanten a_1, a_3, a_4 gibt es eine Zahl $m = m(a_1, a_3, a_4) > 0$, so daß, wenn $a_2 < a_1 + m$ ist, die Lösungen von (3,11) äußerst stabil sind.

Beweis. Wegen der Voraussetzungen (3,12) sind die Lösungen von (3,11) nach Bemerkung (2,4) gleichmäßig-vollständig beschränkt.

$(p(t), q(t))$ sei eine Lösung von (3,11). Mit $x = u + p(t)$, $y = v + q(t)$ nehmen die Differentialgleichungen der gestörten Bewegung die Form

$$\dot{u} = v - \int_{p(t)}^{u+p(t)} f(\xi)\,d\xi\,,\quad \dot{v} = -g\left(u + p(t)\right) + g(p(t)) \tag{3,13}$$

an. Es sei

$$a_2 = a_1 + \eta'\,K \tag{3,14}$$

gesetzt, wo $K > 0$ eine vorläufig beliebige Konstante ist. $\eta' > 0$ soll als Funktion von K so bestimmt werden, daß mit (3,12) die Nullösung von (3,13) asymptotisch stabil im Ganzen wird. Dazu wird die Ljapunowsche Funktion

$$V = \frac{v^2}{2} + \int_0^u [g\,(\xi + s) - g(s)]\,d\xi - \eta\,u\,v \tag{3,15}$$

benutzt, wo s eine feste Zahl ist (z. B. $s = 0$). Da

$$\int_0^u \left(g\,(\xi + s) - g(s)\right)d\xi \geqq a_1 \frac{u^2}{2}$$

ist, ist V positiv definit, falls

$$\eta^2 < a_1\,,\quad \text{d. h.}\quad \eta < \sqrt{a_1}\,. \tag{3,16}$$

Für (3,13) ist dann

$$\frac{dV}{dt} = -v\,[g\,(u + p(t)) - g(p(t))] + [g\,(u + s) - g(s)]\left[v - \int\limits_{p(t)}^{p(t)+u} f(\xi)\,d\xi\right]$$

$$+ \eta\,u\,[g\,(u + p(t)) - g(p(t))] - \eta\,v\left[v - \int\limits_{p(t)}^{p(t)+u} f(\xi)\,d\xi\right]$$

$$= -\eta\,v^2 - u^2\,[g'\,(s + \vartheta_2\,u)\,f(p(t) + \vartheta_3\,u) - \eta\,g'(p(t) + \vartheta_1\,u)]$$

$$- u\,v\,[g'(p(t) + \vartheta_1\,u) - g'\,(s + \vartheta_2\,u) - \eta\,f(p(t) + \vartheta_3\,u)]\,,$$

wenn man den Mittelwertsatz der Differentialrechnung berücksichtigt. Dabei gilt für jedes feste t $0 < \vartheta_1, \vartheta_2, \vartheta_3 < 1$. $\dot{V}$ ist sicher negativ definit, wenn

$$-\eta\,v^2 + u\,v\,(\eta\,a_4 + \eta'\,K) - u^2\,(a_1\,a_3 - \eta\,a_1 - \eta\,\eta'\,K) \tag{3,17}$$

negativ definit ist. Man setze nun $\eta' \leqq \eta$. Dann ist (3,17) negativ definit, falls

$$-\eta\,v^2 + \eta\,u\,v\,(a_4 + K) - u^2\,(a_1\,a_3 - \eta\,(a_1 + \eta\,K))$$

negativ definit ist. Dafür ist aber notwendig und hinreichend, daß

$$\eta^2\,(K + a_4)^2 < 4\,\eta\,(a_1\,a_3 - \eta\,(a_1 + \eta\,K))\,,$$

d. h.

$$\eta < \frac{-S + \sqrt{S^2 + 64\,a_1\,a_3\,K}}{8\,K} \quad \text{mit} \quad S = 4\,a_1 + (K + a_4)^2 \tag{3,18}$$

ausfällt. Wenn man nun K so wählt, daß K/S maximal wird, dann ist $K = \sqrt{4\,a_1 + a_4^2}$ zu setzen. Es sei

$$m = \frac{-S + \sqrt{S^2 + 64\,a_1\,a_3\,K}}{8} \text{ mit } K = \sqrt{4\,a_1 + a_4^2} \tag{3,19}$$

gesetzt. Dann ist für jedes beliebig kleine $\varepsilon > 0$ und

$$0 \leqq \eta' \leqq \frac{m}{\sqrt{4\,a_1 + a_4^2}} - \varepsilon$$

v eine LJAPUNOWsche Funktion, die den Voraussetzungen des Satzes (1,2a) genügt. Dabei ist

$$\frac{m}{\sqrt{4\,a_1 + a_4^2}} - \varepsilon \leqq \eta < \frac{m}{\sqrt{4\,a_1 + a_4^2}}$$

zu wählen. Man merke dabei, daß $\frac{m}{\sqrt{4\,a_1 + a_4^2}} < \sqrt{a_1}$ ist. Damit ist der Satz vollständig bewiesen.

Auf Grund des Satzes (3,1) kann der folgende Satz ausgesprochen werden:

Satz (3,3a). Die Differentialgleichung

$$\ddot{x} + f(x)\,\dot{x} + g(x) = e(t)\,, \quad e\,(t + L) \equiv e(t) \tag{3,20}$$

besitzt eine im Ganzen asymptotisch stabile periodische Lösung mit der Periode L, falls

$$\text{(I)} \quad 0 < a_1 \leqq g'(x) \leqq a_2 < a_1 + m\,,$$

$$\text{(II)} \quad 0 < a_3 \leqq f(x) \leqq a_4\,,$$

wo a_1, a_3, a_4 beliebig sind und m in (3,19) definiert ist.

Bemerkung (3,3). Eine ähnliche Bemerkung wie (3,2) gilt auch hier.

Zahlenbeispiel. Für $a_1 = a_3 = 1$, $a_4 = 2$ ist $m \cong 0{,}391$.

Für $a_1 = a_3 = a_4 = 1$ ist $m \cong 0{,}537$.

Mit demselben Ziel wird nun die Differentialgleichung

$$\ddot{x} + f(x, \dot{x})\,\dot{x} + g(x) = e(t)\,, \quad |e(t)| \leqq M \text{ für } t \geqq 0 \tag{3,21}$$

oder das System

$$\dot{x} = y\,, \quad \dot{y} = -g(x) - f(x, y)\, y + e(t) \tag{3,22}$$

untersucht. Es gelten die Bedingungen des Satzes (2,7), so daß die Lösungen von (3,22) gleichmäßig-vollständig beschränkt sind mit den endgültigen Schranken

$$|x(t)| < x_0\,, \quad |y(t)| < y_0\,. \tag{3,23}$$

Dann sind x_0, y_0 nur von gewissen Parametern des Systems, aber nicht von der genauen Gestalt der Funktionen $g(x), f(x, y), e(t)$ abhängig. Man versucht nun, zusätzliche Bedingungen über die Funktionen $g(x)$, $f(x, y)$ einzuführen, so daß für je zwei Lösungen $(x(t), y(t))$, $(\bar{x}(t), \bar{y}(t))$ gilt:

$$|\bar{x}(t) - x(t)| \to 0\,, \quad |\bar{y}(t) - y(t)| \to 0 \quad \text{für} \quad t \to \infty\,.$$

Dann sind die Lösungen äußerst stabil. Dabei braucht man nur solche Lösungen zu betrachten, für die für $t \geqq t_0$ (t_0 hinreichend groß) die Ungleichungen (3,23) gelten.

$p(t)$, $q(t)$ sei eine derartige Lösung. Mit $x = u + p(t)$, $y = v + q(t)$ nehmen die Differentialgleichungen der gestörten Bewegung die Form

$$\begin{aligned} \dot{u} = v, \quad \dot{v} = &-[g(p(t) + u) - g(p(t))] - f(p(t) + u, q(t) + v)\, v \\ &- q(t)\,[f(p(t) + u, q(t) + v) - f(p(t), q(t))] \end{aligned} \tag{3,24}$$

an, wo $\dot{p}(t) = q(t)$ ist.

Als Ljapunowsche Funktion für (3,24) nehmen wir

$$V = \frac{v^2}{2} + \int_0^u [g(\xi + s) - g(s)]\, d\xi + \eta\, u\, v\,, \tag{3,25}$$

wo $|s| < x_0$ eine Konstante ist (z. B. $s = 0$). Für das System (3,24) ist

$$\begin{aligned} \frac{dV}{dt} = &-v\,[g(p(t) + u) - g(p(t))] - v^2 f(p(t) + u, q(t) + v) \\ &- v\, q(t)\,[f(p(t) + u, q(t) + v)) - f(p(t), q(t))] \\ &+ [g(s + u) - g(s)]\, v + \eta\, v^2 - \eta\, u\, [g(p(t) + u) - g(p(t)) \\ &+ f(p(t) + u, q(t) + v)\, v + q(t)\, \{f(p(t) + u, q(t) + v) - f(p(t), q(t))\}] \\ = &-v^2 \left[f(p(t) + u, q(t) + v) + q(t)\,\frac{\partial f(p(t) + \vartheta u, q(t) + \vartheta v)}{\partial q} - \eta\right] \\ &- u\, v \Bigg[g'(p(t) + \vartheta_1 u) - g'(s + \vartheta_2 u) + \eta\, f(p(t) + u, q(t) + v) \\ &+ q(t)\,\frac{\partial f(p(t) + \vartheta u, q(t) + \vartheta v)}{\partial p} + \eta\, q(t)\,\frac{\partial f(p(t) + \vartheta u, q(t) + \vartheta v)}{\partial q}\Bigg] \\ &- u^2 \left[\eta\, g'(p(t) + \vartheta_1 u) + \eta\, q(t)\,\frac{\partial f(p(t) + \vartheta u, q(t) + \vartheta v)}{\partial p}\right] \end{aligned}$$

mit $0 < \vartheta, \vartheta_1, \vartheta_2 < 1$ für jedes feste $t \geqq t_0$, wenn man die Mittelwertsätze benutzt. Nach dem Lemma (3,1) gelten mit $|p(t)| < x_0$, $|(p(t) + u)| < x_0$ usw. auch die Ungleichungen $|p(t) + \vartheta\, u| < x_0$ $(0 \leqq \vartheta \leqq 1)$ usw. für $t \geqq t_0$. Man betrachtet nun solche Lösungen u, v von (3,24), für die mit $|p(t)| < x_0$, $|q(t)| < y_0$ für $t \geqq t_0$ auch $|p(t) + u| < x_0$, $|q(t) + v| < y_0$ für $t \geqq t_0$ gilt. Über die Funktionen $g(x)$, $f(x, y)$ sei vorausgesetzt, daß für

$|x| \leqq x_0$, $|y| \leqq y_0$ folgendes gilt:

$$\text{(I)} \quad 0 < a_1 \leqq g'(x) \leqq a_1 + \eta' K ,$$

$$\text{(II)} \quad 0 < a_3 \leqq f(x, y) \leqq a_4 ,$$

$$\text{(III)} \quad \left|\frac{\partial f}{\partial x}\right| \leqq \eta'' \frac{K_1}{y_0}, \quad \left|\frac{\partial f}{\partial y}\right| \leqq \frac{K_2}{y_0},$$

wobei $\eta', \eta'', K, K_1, K_2 > 0$ Konstanten sind, die noch festzulegen sind. Für die betrachteten Werte u, v kann man abschätzen:

$$V \geqq \frac{v^2}{2} + a_1 \frac{u^2}{2} + \eta\, u\, v .$$

V ist also positiv definit, wenn

$$\eta < \sqrt{a_1} \tag{3,26}$$

ist. Für $\dot{V}$ gilt

$$\dot{V} \leqq -v^2 (a_3 - K_2 - \eta) + |u\, v|\, (\eta' K + \eta'' K_1 + \eta\, a_4 + \eta\, K_2) - u^2 (\eta\, a_1 - \eta\, \eta'' K_1) .$$

$\dot{V}$ ist also negativ definit, wenn

$$\eta + K_2 < a_3 , \quad \eta'' K_1 < a_1$$

und

$$(\eta' K + \eta'' K_1 + \eta\, a_4 + \eta\, K_2)^2 < 4\, \eta\, (a_1 - \eta'' K_1)\, (a_3 - K_2 - \eta) \tag{3,27}$$

ist. Es sei $\eta', \eta'' \leqq \eta$ gesetzt. Da $\eta < \sqrt{a_1}$ und $\eta'' K_1 < a_1$ sein soll, setzen wir $K_1 = \sqrt{a_1}$. Außerdem sei $K_2 = \frac{a_3}{2}$. Dann gelten die Ungleichungen (3,27), falls

$$\eta^2 \left(K + \sqrt{a_1} + a_4 + \frac{a_3}{2}\right)^2 < 4\, \eta \left(a_1 - \eta \sqrt{a_1}\right) \left(\frac{a_3}{2} - \eta\right),$$

d. h.

$$\eta < \frac{K^2 + A\, K + B - \sqrt{(K^2 + A\, K + B)^2 - 32\, a_1^{3/2}\, a_3}}{8 \sqrt{a_1}} \tag{3,28}$$

ist, wobei

$$A = 2\left(\sqrt{a_1} + a_4 + \frac{a_3}{2}\right), \qquad B = \left(\sqrt{a_1} + a_4 + \frac{a_3}{2}\right)^2 + 4\, a_1 + 2 \sqrt{a_1}\, a_3 \tag{3,29}$$

ist. K ist noch beliebig. K sei so gewählt, daß $\frac{K}{K^2 + A\, K + B}$ sein Maximum annimmt. Dann ist

$$K = \sqrt{B}$$

zu setzen. Man bezeichnet mit m den Wert

$$m = \sqrt{B}\, \frac{2\, B + A \sqrt{B} - \sqrt{(2\, B + A \sqrt{B})^2 - 32\, a_1^{3/2}\, a_3}}{8 \sqrt{a_1}} . \tag{3,30}$$

Dann gilt der folgende Satz:

Satz (3,4). Die Lösungen der Differentialgleichung

$$\ddot{x} + f(x, \dot{x})\, \dot{x} + g(x) = e(t) , \quad |e(t)| \leqq M \text{ für } t \geqq 0$$

oder des Systems

$$\dot{x} = y , \quad \dot{y} = -g(x) - f(x, y)\, y + e(t) \tag{3,22}$$

sind äußerst stabil, falls die allgemeinen Bedingungen des Satzes (2,7) gelten und

$$\text{(I)} \quad 0 < a_1 \leqq g'(x) \leqq a_2 < a_1 + m \,,$$

$$\text{(II)} \quad 0 < a_3 \leqq f(x, y) \leqq a_4$$

und

$$\text{(III)} \quad \left|\frac{\partial f}{\partial x}\right| \leqq \frac{m\sqrt{a_1}}{\sqrt{B}\, y_0}\,, \quad \left|\frac{\partial f}{\partial y}\right| \leqq \frac{a_3}{2\, y_0} \quad \text{für} \quad |x| \leqq x_0\,, \quad |y| \leqq y_0$$

ausfällt. Dabei haben x_0, y_0 die in (3,23) erklärte Bedeutung, a_1, a_3, a_4 sind beliebige positive Konstanten, und B und m sind in (3,29) und (3,30) definiert.

Anmerkung. Unter den Bedingungen des obigen Satzes kann η so gewählt werden, daß (3,26) und (3,27) gelten. Nach der Bemerkung (1,1) gilt dann

$$|u(t)| \to 0\,, \quad |v(t)| \to 0 \quad \text{für} \quad t \to \infty\,.$$

Wenn $e(t)$ periodisch ist, gilt der Satz:

Satz (3,4a). Die Differentialgleichung (3,21) besitzt eine im Ganzen asymptotisch stabile periodische Lösung mit der Periode L, falls die Bedingungen des Satzes (3,4) gelten und

$$\text{(IV)} \quad e(t) \equiv e(t + L)$$

gilt.

Beispiel (3,1). Die Lösungen der Differentialgleichung

$$\ddot{x} + c\,\dot{x} + a\,x + \frac{b}{\omega} \sin \omega\, x = e(t)\,, \quad |e(t)| \leqq M \text{ für } t \geqq 0 \tag{3,31}$$

oder des Systems

$$\dot{x} = y\,, \quad \dot{y} = -\,a\,x - \frac{b}{\omega} \sin \omega\, x - c\,y + e(t) \tag{3,32}$$

sind sicher gleichmäßig-vollständig beschränkt für beliebige $a, b, c, \omega > 0$. Hier ist nun

$$g(x) = a\,x + \frac{b}{\omega} \sin \omega\, x\,, \quad \text{also} \quad g'(x) = a + b \cos \omega\, x$$

und

$$F(y) = c\,y\,, \qquad \text{also} \quad F'(y) = c\,.$$

Es gilt

$$a - b \leqq g'(x) \leqq a + b\,.$$

Demnach kann man ein so kleines b finden, daß die Lösungen von (3,32) äußerst stabil werden, wenn man den Satz (3,2) berücksichtigt. Dort ist

$$a_1 = a - b\,, \quad a_3 = a_4 = c\,, \quad m = 2\,b\,.$$

Wenn also

$$2\,b < \frac{c}{2}\left[\sqrt{4\,(a - b) + c^2} - c\right],$$

d. h.

$$b < \frac{-\,3\,c^2 + \sqrt{9\,c^4 + 16\,a\,c^2}}{8}$$

ist, sind die Lösungen äußerst stabil.

Beispiel (3,2). Man betrachte die Duffingsche Differentialgleichung

$$\ddot{x} + c\,\dot{x} + a\,x + b\,x^3 = e(t)\,, \quad |e(t)| \leqq M \quad \text{für} \quad t \geqq 0 \tag{3,33}$$

oder das System

$$\dot{x} = y\,, \quad \dot{y} = -\,a\,x - b\,x^3 - c\,y + e(t)\,, \tag{3,34}$$

wo a, b, c positive Zahlen sind. Eine Schranke für b soll berechnet werden, so daß die Lösungen von (3,34) äußerst stabil werden.

Um endgültige Schranken zu finden, wird die Ljapunowsche Funktion

$$V = \frac{y^2}{2} + \frac{a x^2}{2} + \frac{b x^4}{4} + \frac{c}{2} x y + \frac{c^2}{4} x^2 \tag{3,35}$$

gewählt. V ist positiv definit und $V \to \infty$ für $x^2 + y^2 \to \infty$.

Für (3,34) ist

$$\frac{dV}{dt} = -\frac{c}{2} y^2 + e(t)\, y - \frac{c}{2} (a x^2 + b x^4) + \frac{c}{2} e(t)\, x$$

$$\leqq -\frac{c}{2} y^2 + M|y| - \frac{c}{2} (a x^2 + b x^4) + \frac{c}{2} M|x| .$$

Nun ist $\max\limits_{|y| \geqq 0} \left(-\frac{c}{2} y^2 + M|y|\right) = \frac{M^2}{2c}$ und

$$\max_{|x| \geqq 0} \left(-\frac{c}{2} (a x^2 + b x^4) + \frac{c}{2} M|x|\right) < \max_{|x| \geqq 0} \left(-\frac{c}{2} a x^2 + \frac{c}{2} M|x|\right) = \frac{M^2 c}{8a} .$$

Demnach läßt $\dot V$ folgende Abschätzungen zu:

$$\dot V \leqq -\frac{c}{2} y^2 + M|y| + \frac{c M^2}{8a} \quad \text{für alle } x, y$$

und

$$\dot V \leqq -\frac{c}{2} (a x^2 + b x^4) + \frac{c}{2} M|x| + \frac{M^2}{2c} \quad \text{für alle } x, y .$$

Es sei nun $\varrho > 0$ die größte Wurzel der Gleichung

$$\frac{c}{2} y^2 - M|y| - \frac{c M^2}{8a} = 0 ,$$

also

$$\varrho = \frac{M}{c} \left(1 + \sqrt{1 + \frac{c^2}{4a}}\right) \tag{3,36}$$

und $\sigma > 0$ die größte Wurzel der Gleichung

$$\frac{ca}{2} x^2 - \frac{c}{2} M|x| - \frac{M^2}{2c} = 0 ,$$

also

$$\sigma = \frac{M}{2a} \left(1 + \sqrt{1 + \frac{4a}{c^2}}\right). \tag{3,37}$$

Folglich gelten folgende Abschätzungen:

Für $|x| \geqq \sigma + \varepsilon = X$ und alle y ist

$$\dot V \leqq -\delta = -\delta(\varepsilon) \qquad (\delta > 0) .$$

Für $|y| \geqq \varrho + \varepsilon' = Y$ und alle x ist

$$\dot V \leqq -\delta' = -\delta'(\varepsilon') \quad (\delta' > 0) .$$

Dabei können $\varepsilon, \varepsilon'$ beliebig klein gewählt werden. V ist also eine Ljapunowsche Funktion, die in dem Bereich $C(G)$, wo

$$G = \{(x, y) \colon |x| < X ,\ |y| < Y\}$$

ist, den Voraussetzungen des Satzes (2,3) genügt. Endgültige Schranken können nun durch ein Gebiet

$$G' = \{(x, y) \colon |x| < A ,\ |y| < B\}$$

gegeben werden, wobei

$$\min_{(x,y)\in\bar{G}'\setminus G'} V(x, y) > \max_{(x,y)\in\bar{G}\setminus G} V(x, y) \tag{3,38}$$

gelten soll. Es ist nun

$$\max_{(x,y)\in\bar{G}\setminus G} V(x, y) = \frac{Y^2}{2} + \frac{a X^2}{2} + \frac{c^2 X^2}{4} + \frac{b X^4}{4} + \frac{c X Y}{2}$$

und

$$\min_{(x,y)\in\bar{G}'\setminus G'} V(x, y) \geqq \min_{(x,y)\in\bar{G}'\setminus G'} \left(\frac{y^2}{2} + \frac{a x^2}{2} + \frac{c^2 x^2}{4} + \frac{c x y}{2}\right) = \min\left[\frac{B^2}{4}\,\frac{4a + c^2}{2a + c^2}, \frac{A^2}{8}(4a + c^2)\right].$$

Wenn man beachtet, daß ε, ε' beliebig klein gewählt werden können, so sind A, B aus folgenden Ungleichungen zu berechnen:

$$\frac{A^2}{8}(4a + c^2) > \frac{\varrho^2}{2} + \frac{2a + c^2}{4}\sigma^2 + \frac{c}{2}\varrho\sigma + \frac{b\sigma^4}{4},$$

d. h.

$$A^2 > P + b Q \tag{3,39}$$

und

$$\frac{B^2}{4}\,\frac{4a + c^2}{2a + c^2} > \frac{\varrho^2}{2} + \frac{2a + c^2}{4}\sigma^2 + \frac{c}{2}\varrho\sigma + \frac{b\sigma^4}{4},$$

d. h.

$$B^2 > \frac{2a + c^2}{2}(P + b Q), \tag{3,40}$$

wobei

$$P = \frac{8}{4a + c^2}\left[\frac{\varrho^2}{2} + \frac{2a + c^2}{4}\sigma^2 + \frac{c}{2}\varrho\sigma\right] \quad \text{und} \quad Q = \frac{8}{4a + c^2}\,\frac{\sigma^4}{4} = \frac{2\sigma^4}{4a + c^2} \tag{3,41}$$

ist.

Mit den Bezeichnungen des Satzes (3,2) ist

$$g(x) = a x + b x^3, \quad g'(x) = a + 3 b x^2,$$
$$F(y) = c y, \quad F'(y) = c.$$

Damit die Lösungen von (3,34) äußerst stabil werden, muß nach dem Satz (3,2) und der Bemerkung (3,2)

$$3 b x^2 < m = \frac{c^2}{2}\left(\sqrt{1 + \frac{4a}{c^2}} - 1\right) \quad \text{für } |x| \leqq A$$

gelten. Demnach bestimmt die Ungleichung

$$3 b (P + b Q) < \frac{c^2}{2}\left(\sqrt{1 + \frac{4a}{c^2}} - 1\right) = R, \tag{3,42}$$

d. h.

$$b < \frac{-P + \sqrt{P^2 + \frac{4QR}{3}}}{2Q} \tag{3,43}$$

die gewünschte Schranke für b.

Zahlenbeispiel. Für $M = 0$ ist b beliebig, da $P = Q = 0$ ist. Für $a = c = M = 1$ ist $b \leqq 0{,}021$ zulässig.

Für die Herleitung obiger Resultate wurden Ljapunowsche Funktionen benutzt, die nicht von der Zeit abhingen. Jetzt wird ein Satz mit Hilfe einer zeitabhängigen Ljapunowschen Funktion bewiesen.

Satz (3,5) (siehe [10, 30]). In der Differentialgleichung

$$\ddot{x} + k\, f(x)\, \dot{x} + g(x) = k\, e(t)\,, \quad k > 0\,, \quad |e(t)| \leqq M \quad \text{für } t \geqq 0\,, \tag{3,44}$$

wo mit $E(t) = \int_0^t e(\tau)\, d\tau$ $|E(t)| \leqq M'$ für $t \geqq 0$ ist, seien die Lösungen gleichmäßig-vollständig beschränkt. Das trifft z. B. zu, wenn $\frac{x}{|x|}\, g(x) \to \infty$ für $|x| \to \infty$ und $\frac{x}{|x|} \int_0^x f(\xi)\, d\xi \to \infty$ für $|x| \to \infty$. Damit hat man folgende endgültige Schranken:

$$|x(t)| < x_0\,, \quad |\dot{x}(t)| < v_0\,, \tag{3,45}$$

wo x_0, v_0 nicht von k abhängen (siehe z. B. Satz (2,5)). Sind für $|x| \leqq x_0$ die Ungleichungen

$$\left.\begin{aligned} 0 < a_1 &\leqq f(x) \leqq a_2\,, \\ 0 < a_3 &\leqq g'(x) \leqq a_4\,, \\ |g''(x)| &\leqq r_0 = r(x_0) \end{aligned}\right\} \tag{3,46}$$

erfüllt, dann sind die Lösungen äußerst stabil, falls

$$k > k_0 = \frac{v_0\, r_0}{2\, a_1\, a_3}$$

ist.

Beweis. Es sei $p(t) = p(t, t_0)$ eine Lösung von (3,44) mit $|p(t)| < x_0$, $|\dot{p}(t)| < v_0$ für $t \geqq t_0$.

Schreibt man (3,44) als System

$$\dot{x} = y - k \int_0^x f(\xi)\, d\xi + k\, E(t)\,, \quad \dot{y} = -\, g(x)\,, \tag{3,47}$$

dann nehmen die Differentialgleichungen der gestörten Bewegung die Form

$$\dot{u} = v - k \int_{p(t)}^{p(t)+u} f(\xi)\, d\xi\,, \quad \dot{v} = -\, g\,(p(t) + u) + g(p(t)) \tag{3,48}$$

an, wobei $x = p(t) + u$, $y = q(t) + v$ gesetzt wurde.

Als LJAPUNOWsche Funktion sei

$$V = \frac{v^2}{2} + \int_0^u [g\,(p(t) + \xi) - g(p(t))]\, d\xi - \eta\, u\, v \tag{3,49}$$

genommen, wo $\eta > 0$ sehr klein ist. Man betrachte alle Lösungen $u(t) = u(t, t_0)$, $v(t) = v(t, t_0)$ von (3,48), für die mit $|p(t)| < x_0$ auch $|p(t) + u(t)| < x_0$ für $t \geqq t_0$ gilt. Damit gilt nach Lemma (3,1) auch $|p(t) + \vartheta\, u(t)| < x_0$ für $t \geqq t_0$, wo $0 \leqq \vartheta \leqq 1$.

Für solche u besteht für V die Abschätzung

$$\frac{v^2}{2} + \frac{a_4\, u^2}{2} - \eta\, u\, v \geqq V \geqq \frac{v^2}{2} + \frac{a_3\, u^2}{2} - \eta\, u\, v\,.$$

Nun ist für (3,48)

$$\begin{aligned} \frac{dV}{dt} = &-k\, [g\,(p(t) + u) - g(p(t))] \int_{p(t)}^{p(t)+u} f(\xi)\, d\xi \\ &+ \dot{p}(t)\, [g\,(p(t) + u) - g(p(t)) - g'\,(p(t))\, u] \\ &+ \eta\, u\, [g(p(t) + u) - g(p(t))] - \eta\, v\, [v - k \int_{p(t)}^{p(t)+u} f(\xi)\, d\xi] \\ = &-\eta\, v^2 + \eta\, k\, u\, v\, f\,(p(t) + \vartheta\, u) \\ &- u^2\, [k\, g'\,(p(t) + \vartheta_1\, u)\, f\,(p(t) + \vartheta u) - \frac{1}{2}\, \dot{p}(t)\, g''(p(t) + \vartheta_2\, u) \\ &- \eta\, g'\,(p(t) + \vartheta_1\, u)] \end{aligned}$$

mit $0 < \vartheta, \vartheta_1, \vartheta_2 < 1$ für jedes feste $t \geqq t_0$, wenn man die Mittelwertsätze der Differentialrechnung berücksichtigt. Demnach besteht für $\dot{V}$ die Abschätzung

$$\dot{V} \leqq -\eta v^2 + \eta k a_2 |u v| - u^2 \left[k a_3 a_1 - \frac{v_0 r_0}{2} - \eta a_4\right].$$

Wenn nun $k > \frac{v_0 r_0}{2 a_1 a_3}$ ist, kann $\eta > 0$ so klein gewählt werden, daß $\dot{V}$ negativ definit wird. Nach der Bemerkung (1,1) gilt für die oben betrachteten Lösungen

$$|u(t)| \to 0, \quad |v(t)| \to 0 \quad \text{für} \quad t \to \infty .$$

Daher gilt auch

$$|\dot{u}(t)| = |v(t) - k \int_{p(t)}^{p(t)+u} f(\xi)\, d\xi| \to 0 \quad \text{für} \quad t \to \infty .$$

Damit besitzen je zwei Lösungen $x(t)$, $p(t)$ von (3,44) mit $|x(t)|, |p(t)| < x_0$; $|\dot{x}(t)|, |\dot{p}(t)| < v_0$ für $t \geqq t_0$ die Eigenschaft

$$|p(t) - x(t)| \to 0, \quad |\dot{p}(t) - \dot{x}(t)| \to 0 \quad \text{für} \quad t \to \infty .$$

Dann besitzen aber wegen der gleichmäßig-vollständigen Beschränktheit zwei beliebige Lösungen $x(t)$, $\bar{x}(t)$ die Eigenschaft

$$|x(t) - \bar{x}(t)| \to 0, \quad |\dot{x}(t) - \dot{\bar{x}}(t)| \to 0 \quad \text{für} \quad t \to \infty .$$

Damit ist der Satz vollständig bewiesen.

Bemerkung (3,4). In den Arbeiten [10, 30] ist die Bedingung

$$k > \frac{v_0 r_0}{a_1 a_3}$$

gegeben.

Beispiel (3,3). Man betrachte wieder die Differentialgleichung

$$\ddot{x} + c \dot{x} + a x + \frac{b}{\omega} \sin \omega x = e(t), \quad |e(t)| \leqq M \quad \text{für} \quad t \geqq 0 . \tag{3,31}$$

Nun ist

$$g''(x) = -b \omega \sin \omega x \quad \text{und} \quad |g''(x)| \leqq b \omega = r_0 .$$

Außerdem ist $a_1 = c$, $a_3 = a - b$. Nach dem obigen Satz sind die Lösungen äußerst stabil, falls

$$1 > \frac{v_0 r_0}{2 a_1 a_3} = \frac{v_0 b \omega}{2 c (a - b)} \tag{3,50}$$

ist, wobei x_0, v_0 endgültige Schranken für die Lösungen von (3,31) darstellen. Offensichtlich hat v_0 die Form $v_0 = v_{01} + v_{02}(b, \omega)$ mit $v_{01} > 0$, $v_{02} \geqq 0$, wobei die Konstante v_{01} nicht von b und ω abhängt. Demnach ist die Bedingung (3,50) explizit von ω abhängig.

Demgegenüber ist die Bedingung in Beispiel (3,1), die mit Hilfe des Satzes (3,2) angegeben wurde, nicht von ω abhängig.

Beispiel (3,4). Für die Duffingsche Differentialgleichung

$$\ddot{x} + c \dot{x} + a x + b x^3 = e(t), \quad |e(t)| \leqq M \quad \text{für} \quad t \geqq 0 \tag{3,33}$$

ist

$$g''(x) = 6 b x \quad \text{und} \quad |g''(x)| \leqq 6 b x_0 \quad \text{für} \quad |x| \leqq x_0 ,$$

wo x_0, v_0 endgültige Schranken für die Lösungen $x(t)$, $\dot{x}(t)$ von (3,33) sind. Mit den Bezeichnungen des Beispiels (3,2) ist

$$x_0 = A > \sqrt{P + bQ}$$

und

$$v_0 = B > \sqrt{(P + b\,Q)\,(2\,a + c^2)/2}\,.$$

Nach dem Satz (3,5) sind die Lösungen von (3,33) äußerst stabil, falls

$$1 > \frac{6\,b\,(P + b\,Q)\,\sqrt{2\,a + c^2}}{2\,a\,c\,\sqrt{2}}\,,$$

d. h.

$$Q\,b^2 + P\,b - R' < 0 \quad \text{mit} \quad R' = \frac{\sqrt{2}\,a\,c}{3\,\sqrt{2\,a + c^2}}\,,$$

d. h.

$$b < \frac{-P + \sqrt{P^2 + 4\,Q\,R'}}{2\,Q}$$

ist.

Zahlenbeispiel. Für $M = 0$ ist $b \geqq 0$ beliebig.
Für $a = c = M = 1$ ist $b \leqq 0{,}028$ zulässig.

4. WEITERE HILFSMITTEL UND ANWENDUNGEN

Nach Überlegungen von OPIAL [16, 17, 18] wird nun ein Satz bewiesen, der sich zuweilen zur Herleitung hinreichender Bedingungen für äußerste Stabilität als zweckmäßig erweist.

Satz (3,6). Die Lösungen des Systems

$$\dot{x} = F(t, x)\,, \tag{1,2}$$

wo die Funktion $F(t, x)$ nach allen ihren Argumenten stetig differenzierbar ist, seien gleichmäßig-vollständig beschränkt mit der endgültigen Schranke B. Dann sind die Lösungen von (1,2) äußerst stabil, falls die Nullösung des Systems

$$\dot{y} = \frac{\partial F(t, x(t))}{\partial x} \cdot y\,, \tag{3,51}$$

wo $x(t)$ eine (beliebige) Lösung von (1,2) mit $||x(t)|| < B$ für $t \geqq t_0$ ist, gleichmäßig asymptotisch stabil ist. Dabei ist $\frac{\partial F(t, x)}{\partial x}$ die JACOBIsche Matrix von $F(t, x)$ nach x, nämlich

$$\frac{\partial F(t, x)}{\partial x} = \left\| \begin{matrix} \frac{\partial f_1(t, x)}{\partial x_1} & \frac{\partial f_1(t, x)}{\partial x_2} & \cdots & \frac{\partial f_1(t, x)}{\partial x_n} \\ \frac{\partial f_2(t, x)}{\partial x_1} & \frac{\partial f_2(t, x)}{\partial x_2} & \cdots & \frac{\partial f_2(t, x)}{\partial x_n} \\ \cdots & \cdots & \cdots & \cdots \\ \frac{\partial f_n(t, x)}{\partial x_1} & \frac{\partial f_n(t, x)}{\partial x_2} & \cdots & \frac{\partial f_n(t, x)}{\partial x_n} \end{matrix} \right\|.$$

Beweis. Wegen der gleichmäßig-vollständigen Beschränktheit der Lösungen von (1,2) braucht man nur zu zeigen, daß für je zwei Lösungen $x_1(t)$, $x_2(t)$ von (1,2) mit $||x_1(t)|| < B$, $||x_2(t)|| < B$ für $t \geqq t_0$

$$||x_1(t) - x_2(t)|| \to 0 \quad \text{für} \quad t \to \infty$$

gilt.

Man betrachte zwei Lösungen $x_1(t) = x(t, x_{01}, t_0)$, $x_2(t) = x(t, x_{02}, t_0)$, wobei $||x_1(t)|| < B$, $||x_2(t)|| < B$ für $t \geqq t_0$ ist. Im Phasenraum denke man sich die Punkte x_{01} und x_{02} durch eine reguläre Kurve, die ganz im Inneren der Kugel $||x|| < B$ liegt, miteinander verbunden. Die Gleichung dieser regulären Kurve sei

$$x = x(\lambda) \quad (0 \leqq \lambda \leqq 1) \quad \text{mit} \quad x(0) = x_{01}\,, \quad x(1) = x_{02}\,.$$

Dabei gilt $\frac{dx(\lambda)}{d\lambda} \neq 0$.

Nach Voraussetzung sind die Lösungen von (1,2) eindeutig bestimmt und nach den Anfangswerten stetig differenzierbar. Demnach bestimmen die Lösungen $x(t, x(\lambda), t_0)$, $(0 \leqq \lambda \leqq 1)$ zu jeder Zeit t eine reguläre Kurve. Man kann außerdem annehmen, daß $||x(t, x(\lambda), t_0)|| < B$ $(0 \leqq \lambda \leqq 1)$ für $t \geqq t_0$ ist.

Die Länge der Kurve $x = x(t, x(\lambda), t_0) = x(t, \lambda)$ $(0 \leqq \lambda \leqq 1)$ zu einer Zeit t ist durch

$$\int_0^1 \left\|\frac{\partial x(t, \lambda)}{\partial \lambda}\right\| d\lambda$$

gegeben. Diese ist zur Zeit t nicht kleiner als der Abstand

$$||x_1(t) - x_2(t)||$$

zwischen den beiden Punkten $x_1(t)$ und $x_2(t)$:

$$||x_1(t) - x_2(t)|| \leqq \int_0^1 \left\|\frac{\partial x(t, \lambda)}{\partial \lambda}\right\| d\lambda \quad \text{für} \quad t \geqq t_0\,. \tag{3,52}$$

Nun gilt

$$\dot{x}(t, \lambda) = F(t, x(t, \lambda)) \quad (0 \leqq \lambda \leqq 1)\,.$$

Daraus folgt

$$\frac{d}{dt}\left[\frac{\partial x(t, \lambda)}{\partial \lambda}\right] = \frac{\partial F(t, x(t, \lambda))}{\partial x} \cdot \frac{\partial x(t, \lambda)}{\partial \lambda}\,.$$

Setzt man

$$y = \frac{\partial x(t, \lambda)}{\partial \lambda}\,,$$

so bekommt man

$$\dot{y} = \frac{\partial F(t, x(t, \lambda))}{\partial x} \cdot y\,. \tag{3,51}$$

Ist die Nullösung von (3,51) gleichmäßig asymptotisch stabil, so gilt

$$||y(t)|| \to 0 \quad \text{für} \quad t \to \infty \quad (\text{gleichmäßig bezüglich } \lambda)$$

für jede Lösung $y(t)$ von (3,51). Dann gilt aber

$$\int_0^1 \left\|\frac{\partial x(t, \lambda)}{\partial \lambda}\right\| d\lambda \to 0 \quad \text{für} \quad t \to \infty\,. \tag{3,52}$$

Aus (3,52) liest man die Richtigkeit der Behauptung ab.

B e i s p i e l (3,5). Für die RAYLEIGHsche Differentialgleichung

$$\ddot{x} + F(\dot{x}) + g(x) = e(t)\,, \quad |e(t)| \leqq M \quad \text{für} \quad t \geqq 0 \tag{3,53}$$

oder das System

$$\dot{x} = y\,, \quad \dot{y} = -g(x) - F(y) + e(t) \tag{3,54}$$

gelte

$$\text{(I)} \quad \frac{x}{|x|}\, g(x) \to \infty \quad \text{für} \quad |x| \to \infty\,,$$

$$\text{(II)} \quad \frac{y}{|y|}\, F(y) \to \infty \quad \text{für} \quad |y| \to \infty\,.$$

Dann sind die Lösungen von (3,54) gleichmäßig-vollständig beschränkt, und es existieren für die Lösungen $x(t)$, $y(t)$ von (3,54) endgültige Schranken A bzw. B, die nicht unmittelbar von der Gestalt der Funktionen $g(x)$, $F(y)$, $e(t)$ abhängen (Satz (2,4)).

Die Funktionen $g'(x)$, $g''(x)$, $F'(y)$ seien stetig, und es gelte außerdem

$$\text{(III)} \quad g'(x) > 0 \quad \text{für} \quad |x| \leqq A\,,$$

$$\text{(IV)} \quad F'(y) > 0 \quad \text{für} \quad |y| \leqq B\,,$$

$$\text{(V)} \quad \min_{|y| \leqq B} \frac{2\,F'(y)}{|y|} > \max_{|x| \leqq A} \frac{|g''(x)|}{g'(x)}\,.$$

Dann sind die Lösungen von (3,54) äußerst stabil.

Beweis. Nach dem obigen Satz sind die Lösungen von (3,54) äußerst stabil, wenn die Nullösung des Systems

$$\dot{u} = v\,, \quad \dot{v} = -\,g'(x(t))\,u - F'(y(t))\,v \tag{3,55}$$

gleichmäßig asymptotisch stabil ist. Dabei ist $x(t)$, $y(t)$ eine beliebige Lösung von (3,54) mit $|x(t)| < A$, $|y(t)| < B$ für $t \geqq t_0$.

Man betrachtet nach Opial [16] die quadratische Form

$$V = \frac{v^2}{2\,g'(x(t))} + \frac{u^2}{2} + \eta\,u\,v\,. \tag{3,56}$$

V ist wegen (III) positiv definit und gleichmäßig klein für hinreichend kleine $\eta > 0$. Für das System (3,55) ist

$$\dot{V} = -\,v^2 \left[\frac{F'(y(t))}{g'(x(t))} + \frac{g''(x(t)) \cdot y(t)}{2\,[g'(x(t))]^2} - \eta\right] - \eta\,u\,v\,F'(y(t)) - \eta\,g'(x(t))\,u^2\,.$$

Falls (III), (IV), (V) gilt, kann $\eta > 0$ so klein gewählt werden, daß $\dot{V}$ negativ definit wird. Wir können nämlich zeigen, daß

$$m = \min_{|x| \leqq A,\,|y| \leqq B} \left[\frac{F'(y)}{g'(x)} + \frac{g''(x)\,y}{2(g'(x))^2}\right] \geqq \delta > 0$$

ist, wo δ eine beliebig kleine, aber feste Zahl ist. Es ist

$$\frac{F'(y)}{g'(x)} + \frac{g''(x)\,y}{2\,(g'(x))^2} \geqq \frac{F'(y)}{g'(x)} - \frac{|g''(x)|\,|y|}{2\,(g'(x))^2} = m(x, y)\,.$$

Die Funktionen $F'(y)$, $g'(x)$, $g''(x)$ wurden stetig vorausgesetzt; daher gilt an einer Stelle x', y'

$$m(x', y') = \min_{|x| \leqq A,\,|y| \leqq B} m(x, y)\,.$$

Im Falle $y' = 0$ ist

$$\min_{|x| \leqq A,\,|y| \leqq B} m(x, y) = \frac{F'(0)}{g'(x')} > 0\,.$$

Im Falle $y' \neq 0$ ist

$$\min_{|x| \leqq A,\,|y| \leqq B} m(x, y) = \frac{|y'|}{2\,g'(x')} \left[\frac{2\,F'(y')}{|y'|} - \frac{|g''(x')|}{g'(x')}\right] > 0$$

nach Voraussetzung (V).

Auf Grund von Satz (1,2) ist die Nullösung von (3,55) gleichmäßig asymptotisch stabil. Damit ist die Behauptung vollständig bewiesen.

Beispiel (3,6). Man kann den Satz (3,5) auch mit Hilfe des Satzes (3,6) beweisen. Mit den Bezeichnungen des Satzes (3,5) wird das System (3,47) betrachtet. Nach dem Satz (3,6) sind die Lösungen von (3,47) äußerst stabil, falls die Nullösung von

$$\dot{u} = v - k\,f(p(t))\,u\,, \quad \dot{v} = -\,g'(p(t))\,u \tag{3,57}$$

gleichmäßig asymptotisch stabil ist.

Dazu betrachtet OPIAL [18] die quadratische Form

$$V = \frac{v^2}{2} + g'(p(t))\,\frac{u^2}{2} - \eta\, u\, v\,. \tag{3,58}$$

V ist positiv definit und gleichmäßig klein für hinreichend kleine $\eta > 0$. Für das System (3,57) ist

$$\frac{dV}{dt} = -u^2\left[k\,g'(p(t))\,f(p(t)) - \frac{g''(p(t))\,\dot p(t)}{2} - \eta\,g'(p(t))\right] + \eta\,k\,f(p(t))\,u\,v - \eta\,v^2\,.$$

Falls

$$k > \frac{v_0\,r_0}{2\,a_1\,a_3} = k_0$$

ist, kann $\eta > 0$ so klein gewählt werden, daß $\dot V$ negativ definit ausfällt. Nach dem Satz (1,2a) ist die Nullösung von (3,57) gleichmäßig asymptotisch stabil. Damit ist der Satz (3,5) bewiesen.

Beispiel (3,7). Es sei wiederum das System (vgl. Satz (3,2) bzw. Satz (3,2a))

$$\dot x = y\,, \quad \dot y = -g(x) - F(y) + e(t) \tag{3,2}$$

gegeben. $e(t)$ sei für $t \geqq t_0$ beschränkt, und $g(x)$, $F(y)$ genügen den Bedingungen

$$0 < a_1 \leqq g'(x) \leqq a_2\,,$$
$$0 < a_3 \leqq F'(y) \leqq a_4\,.$$

Um mit Hilfe des Satzes (3,6) eine Schranke für a_2 zu bestimmen, die die äußerste Stabilität der Lösungen von (3,2) sichert, betrachtet man das System

$$\dot u = v, \quad \dot v = -g'(x(t))\,u - F'(y(t))\,v\,, \tag{3,55}$$

wobei $x(t)$, $y(t)$ eine beliebige Lösung von (3,2) ist, die für $t \geqq t_0$ in den endgültigen Schranken bleibt.

Als LJAPUNOWsche Funktion kann man

$$V = \frac{v^2}{2} + a\,\frac{u^2}{2} + \eta\,u\,v \tag{3,59}$$

nehmen, wobei die Konstante $a > 0$ noch festzulegen ist. Außerdem soll $0 < \eta < \sqrt{a}$ gelten. Dann ist V positiv definit.

Für (3,55) ist

$$\frac{dV}{dt} = -v^2\,[F'(y(t)) - \eta] - u^2\,[\eta\,g'(x(t))] - u\,v\,[g'(x(t)) + \eta\,F'(y(t)) - a]$$
$$\leqq -\eta\,a_1\,u^2 - (a_3 - \eta)\,v^2 + (a_2 + \eta\,a_4 - a)\,|u\,v|\,,$$

falls $a \leqq \frac{a_1 + a_2}{2}$[1]. Setzt man $a_2 = a_1 + 2\,\eta\,K$ und $a = a_1 + \eta\,K$, dann ist $\frac{dV}{dt}$ negativ definit, falls

$$\eta < a_3 \quad \text{und} \quad (\eta\,K + \eta\,a_4)^2 < 4\,\eta\,a_1\,(a_3 - \eta)\,,$$

d. h.

$$\eta < \frac{4\,a_1\,a_3}{(K + a_4)^2 + 4\,a_1}$$

---

[1]) $|g'(x) + \eta\,F'(y) - a| \leqq \eta\,F'(y) + |g'(x) - a| \leqq \eta\,a_4 + \begin{cases} a_2 - a & \text{für } g'(x) \geqq a\,, \\ a - a_1 & \text{für } g'(x) \leqq a; \end{cases}$

aber $a - a_1 \leqq a_2 - a$ für $a \leqq 1/2\,(a_1 + a_2)$.

ist. Man setze nun

$$m = \sup_{K>0} 2\,K \frac{4\,a_1\,a_3}{(K + a_4)^2 + 4\,a_1} = a_3 \left[\sqrt{4\,a_1 + a_4^2} - a_4\right]. \tag{3,60}$$

Dann sind die Lösungen von (3,2) äußerst stabil für

$$a_2 < a_1 + m\,.$$

Diese Abschätzung ist besser als die in Satz (3,2) bzw. Satz (3,2a).

Bemerkung (3,5). Nach der obigen Überlegung ist in der Ungleichung (3,42) des Beispiels (3,2)

$$R = c^2 \left(\sqrt{1 + \frac{4\,a}{c^2}} - 1\right)$$

zu setzen. In dem nachfolgenden Zahlenbeispiel ist dann für $a = c = M = 1$

$$b \leqq 0{,}0239$$

zulässig.

Bemerkung (3,6). Die Sätze (3,3—3,4a) können auch in der obigen Weise behandelt und verbessert werden.

SCHLUSSWORT

Die Arbeit stellt einen Versuch dar, die direkte Methode von LJAPUNOW als Grundlage zur Lösung verschiedener Fragen, die in Verbindung mit nichtlinearen Differentialgleichungen auftauchen, zu benutzen.

Für die Differentialgleichungen (0,1)—(0,4) wurde eine Anzahl neuer Sätze über die Beschränktheit und Stabilität der Lösungen bewiesen. Zur Bildung LJAPUNOWscher Funktionen wurde das Energieintegral herangezogen. Es ist möglich, daß die aufgestellten Bedingungen unter Umständen zu einschränkend oder die angegebenen Abschätzungen zu grob sind. Man kann aber sicher die aufgezeigten Verfahren verbessern, so daß sie für die Praxis besser geeignet werden. Es wäre sicher von großem Nutzen, eine systematische Theorie der Differentialgleichungen der Art (0,1) mit Hilfe der direkten Methode aufzubauen.

LITERATURVERZEICHNIS

(a) Bücher

[1] CESARI, L., Asymptotic Behaviour and Stability Problems in Ordinary Differential Equations. Springer-Verlag, Berlin—Göttingen—Heidelberg 1959.

[2] HAHN, W., Theorie und Anwendung der direkten Methode von LJAPUNOW. Springer-Verlag, Berlin—Göttingen—Heidelberg 1959.

[3] LEFSCHETZ, S., Differential Equations: Geometric Theory. Interscience Publishers, New York—London 1957.

[4] LEFSCHETZ, S., (Editor) Contributions to the Theory of Nonlinear Oscillations. Annals of Mathematics Studies No. 20, 29, 36, 41. Princeton University Press, Princeton 1950, 52, 56, 58.

[5] LIAPOUNOFF, A., Problème Générale de la Stabilité du Mouvement. Annals of Mathematics Studies No. 17. Princeton University Press, Princeton 1949.

[6] MALKIN, I. G., Theorie der Stabilität einer Bewegung. Akademie-Verlag, Berlin 1959.

[7] McLACHLAN, N. W., Ordinary non linear differential equations in engineering and physical sciences. 2nd ed. Oxford University Press, New York 1956.

[8] STEPANOW, W. W., Lehrbuch der Differentialgleichungen. Deutscher Verlag der Wissenschaften, Berlin 1956.

[9] STOKER, J. J., Nonlinear Vibrations in Mechanical and Electrical Systems. Interscience Publishers, New York—London 1950.

(b) Einzelarbeiten

[10] Cartwright, M. L., and Littlewood, J. E., On nonlinear differential equations of the second order. The equation $\ddot{y} + k f(y) \dot{y} + g(y, k) = p(t)$. Annals of Math. 48 (1947), 472—494.

[11] Levinson, N., On the existence of periodic solutions for second order differential equations with a forcing term. J. Math. Phys. Mass. Inst. Tech. 22 (1943), 41—48.

[12] Levinson, N., On a nonlinear differential equation of the second order. J. Math. Phys. 22 (1943), 181—187.

[13] Levinson, N., Transformation Theory of nonlinear differential equations of the second order. Annals of Math. 45, 4 (1944), 723—737.

[14] Loud, W. S., Boundedness and Convergence of solutions of $\ddot{x} + c \dot{x} + g(x) = e(t)$. Duke Math. J. 24, 1 (1957), 63—72.

[15] Massera, J. L., The existence of periodic solutions of systems of differential equations. Duke Math. J. 17 (1950), 457—475.

[16] Opial, Z., Sur la stabilité des solutions périodiques et presque-périodiques de l'équation différentielle $\ddot{x} + F(\dot{x}) + g(x) = e(t)$. Bull. de l'Académie Polonaise des Sciences. Série des sci. math., astr. et physic. VII, 8 (1959), 495—500.

[17] Opial, Z., Sur la stabilité asymptotique des solutions d'un système d'équations différentielles. Ann. Pol. Math. 7 (1960), 259—267.

[18] Opial, Z., Sur les solutions périodiques et presque-périodiques de l'équation différentielle $x'' + k f(x) x' + g(x) = k p(t)$. Ann. Pol. Math. 7 (1960), 309—319.

[19] Reissig, R., Zur Theorie der erzwungenen Schwingungen. Math. Nachr. 13 (1955), 309—312.

[20] Reissig, R., Über eine nichtlineare Differentialgleichung 2. Ordnung. Math. Nachr. 13 (1955), 313—318.

[21] Reissig, R., Über eine nichtlineare Differentialgleichung 2. Ordnung. (2. Mitteilung). Math. Nachr. 14 (1955), 65—71.

[22] Reissig, R., Über eine nichtlineare Differentialgleichung 2. Ordnung. (3. Mitteilung). Math. Nachr. 15 (1956), 39—45.

[23] Reissig, R., Über eine nichtlineare Differentialgleichung 2. Ordnung. (4. Mitteilung). Math. Nachr. 15 (1956), 47—54.

[24] Reissig, R., Über die Existenz periodischer Lösungen für Differentialgleichungen 2. Ordnung mit einem Störungsglied. Math. Nachr. 14 (1955), 341—348.

[25] Reissig, R., Über die Beschränktheit der Lösungen einer nichtlinearen Differentialgleichung. Math. Nachr. 15 (1956), 375—383.

[26] Reissig, R., Forschungen und Fortschritte der nichtlinearen Mechanik. Die direkte Methode zum Nachweis von Schwingungen und ihrer Stabilität. Forschungen und Fortschritte 33, Heft 1 (Januar 1959).

[27] Reissig, R., Kriterien für die Zugehörigkeit dynamischer Systeme zur Klasse D. Math. Nachr. 20 (1959), 67—72.

[28] Reissig, R., Über die totale Stabilität erzwungener Reibungsschwingungen. Abhandlungen der Deutschen Akademie der Wissenschaften zu Berlin, Klasse für Math., Physik undTechnik, 1 (1959), Akademie-Verlag, Berlin.

[29] Reuter, G. E. H., Boundedness Theorems for non-linear differential equations of the second order (II). J. London Math. Soc. 27 (1952), 48—58.

[30] Reuter, G. E. H., On certain nonlinear differential equations with almost periodic solutions. J. London Math. Soc. 26 (1951), 215—221.

[31] Seifert, G., On the stability in the large for periodic solutions of differential equations. Annals of Math. (2) 67 (1958), 83—89.

[32] Yamaguti, M., On some properties of the nonlinear differential equations of the „Parametric excitation". Mem. Coll. Sci. Univ. Kyoto 28, 2 (1954), 87—96.

[33] Yoshizawa, T., Note on the boundedness of solutions of a system of differential equations. Mem. Coll. Sci. Univ. Kyoto 28 (1954), 27—32.

[34] Yoshizawa, T., On the nonlinear differential equation. Mem. Coll. Sci. Univ. Kyoto 28 (1954), 133—141.

[35] Yoshizawa, T., On the convergence of solutions of the nonlinear differential equation. Mem. Coll. Sci. Univ. Kyoto 28 (1954), 143—151.

[36] Yoshizawa, T., Note on the existence theorem of a periodic solution of the nonlinear differential equation. Mem. Coll. Sci. Univ. Kyoto 28 (1954), 153—159.

[37] Yoshizawa, T., On the stability of solutions of a system of differential equations. Mem. Coll. Sci. Univ. Kyoto 29 (1955), 27—33.

[38] Yoshizawa, T., Note on the solutions of a system of differential equations. Mem. Coll. Sci. Univ. Kyoto **29**, 3 (1955), 249—273.

[39] Yoshizawa, T., Note on the boundedness and the ultimate boundedness of solutions of $x' = F(t, x)$. Mem. Coll. Sci. Univ. Kyoto **29**, 3 (1955), 275—291.

[40] Yoshizawa, T., Appendix to the above paper. Mem. Coll. Sci. Univ. Kyoto **30**, 3 (1957), 91—103.

[41] Yoshizawa, T., On the necessary and sufficient conditions for the uniform boundedness of solutions of $x' = F(t, x)$. Mem. Coll. Sci. Univ. Kyoto **30**, 3 (1957), 217—226.

[42] Yoshizawa, T., Note on the equi-ultimate boundedness of solutions of $x' = F(t, x)$. Mem. Coll. Sci. Univ. Kyoto **31**, 3 (1958), 211—217.

[43] Yoshizawa, T., On the equiasymptotic stability in the large. Mem. Coll. Sci. Univ. Kyoto **32**, 1 (1959), 171—180.

[44] Yoshizawa, T., Liapunov's Function and boundedness of solutions. Funkcialaj Ekvacioj 2 (1959), 95—142.

[45] Yoshizawa, T., Liapunov's Function and boundedness of solutions. RIAS, AFOSR, TN-59-1218, Technical Report 59—7.

FSC
www.fsc.org
MIX
Papier | Fördert gute Waldnutzung
FSC® C083411

Zeitfracht Medien GmbH
Ferdinand-Jühlke-Straße 7
99095 Erfurt, Deutschland
produktsicherheit@kolibri360.de